U0249408

编委会

总 顾 问：奉树成

顾　　问：管开云　叶创兴　高继银
　　　　　王仲朗　李纪元

作　　者：张亚利　郭卫珍　李湘鹏
　　　　　宋　垚　王　荷　莫健彬

绘　　图：张舒杭

支持单位：上海植物园

『微』观茶花

束花茶花发展简纪

张亚利 等著

中国建筑工业出版社

序

PREFACE

茶花是世界著名的观赏花卉。因其植株形态优美、花色艳丽多彩、花姿绰约缤纷、叶色浓绿光亮而深受广大花卉爱好者的喜爱和世界园艺界的珍视，在亚洲、美洲、大洋洲、欧洲和非洲南部等诸多国家被广泛收集种植。茶花目前栽培最广、品种最多的种是山茶（*Came-llia japonica*）、云南山茶（*C. reticulata*）、茶梅（*C. sasanqua*）和怒江山茶（*C. saluenensis*）。最近几十年来，随着开黄色花的野生种的不断发现，以及人们对培育黄色茶花品种的梦想的不断追求，金花茶（*C. nitidissima*）以及其他开黄花的野生种也被广泛引种栽培，并培育出不少新品种。值得一提的还有，近年来新发现的杜鹃红山茶（*C. azalea*）是山茶属中能够四季开花的奇特原种，成为继金花茶之后又一个引起茶花世界轰动的中国独有的宝贵山茶种质资源，中国茶花育种专家利用杜鹃红山茶的特性，培育出了几百个四季开花的茶花新品种。

以后生山茶亚属的原种资源为亲本培育而来的束花茶花品种具有株型小、开花繁密、芳香、叶型优美、抗病强和耐盐碱等特性。束花茶花近年来已开始受到茶花育种者的更多关注，至今已培育出了200余个束花茶花品种，其中以澳大利亚、新西兰、日本、美国培育的品种居多。中国对束花茶花研究的领跑者是上海植物园以张亚利博士为主的团队。该团队经过十余年的努力，在野生种质资源的收集保存以及束花茶花新品种的培育等方面都取得了显著的成果，受到国内外同行的广泛关注和赞赏。《"微"观茶花　束花茶花发展简纪》一书即是该团队近年来研究成果的集中体现。

《"微"观茶花　束花茶花发展简纪》一书除了对束花茶花的发展历程、束花茶花育种的种质资源和束花茶花的品种作了全面介绍之外，还对束花茶花杂交育种的育种目标、资源收集、亲本选择、花粉采集与保存等育种技术和方法进行了系统总结。此外，还利用现代分子生物学手段，对束花茶花不同杂交组合亲和性及其败育机理以及束花茶花杂种的早期筛选进行了科学探索。另外，该书还对束花茶花繁殖栽培技术、病虫害防治以及束花茶花的应用提供了独到而实用的知识。《“微”观茶花　束花茶花发展简纪》是至今我所见到的有关束花茶花最全面系统的著作。我相信，该专著的出版必将对中国乃至世界束花茶花的发展起到极大的推动作用。在此谨向作者所取得的优秀成果表示祝贺！

博士、研究员、博士生导师

国际山茶协会主席

二〇一八年元月

前言

FOREWORD

2002年进入北京林业大学读博士的时候，导师刘燕教授当年的超低温研究领域有三个方向，分别是梅花、牡丹和茶花。当时的我和很多人一样，爱上梅花的精致、脱俗，最终选择了梅花。一做就是5年，也学会了如何用所学培育更好的梅花品种。那时，我与茶花擦肩而过。

2007年我来到了上海植物园，并有幸进入中国科学院植物生理生态研究所进行博士后研究工作。期间，我做的是木瓜属的海棠，和梅花一样，拥有精致、繁密的花朵。2008年冬春之交，当我看到费建国老师傅栽植的芳香馥郁的攸县油茶以及繁花朵朵的小茶花时，我的茶花世界被点亮了！就如同小朋友心中勾勒的梦境：画一幅特别的茶花——有传统茶花的高贵典雅，有梅花的清新脱俗。随着我对茶花的了解不断增多，那个曾经的梦境似乎变得越来越清晰。2009年，在前辈及师长的帮助和指导下，我们在上海植物园逐渐确立了束花茶花种质创新计划，并开始了长期的研究与探索。

束花茶花主要是指多枚花蕾顶生和腋生，花似成束（串）开放的茶花品种，主要以后生山茶亚属的种质资源为亲本培育而来。该类品种具有开花繁密、芳香、叶型优美等观赏特性，是适宜作为花篱、绿篱、盆景等应用的茶花类群。国外又称之为cluster-flowering camellia, mini camellia，或者是camellia floribunda。1939年前，Caerhays Castle苗圃以尖连蕊茶（*Camellia cuspidata*）和怒江红山茶（*C. saluenensis*）作为亲本，培育出新品种'Winton'，或许是束花茶花育种的最早记载。发展至今，已培育出200余个束花茶花品种，其中以澳大利亚、新西兰、日本、美国培育的品种居多。束花茶花没有云南山茶、华东山茶那样的显赫与眼缘，但是它们却在近100年的发展历史中，以其精致与芬芳展示了"小茶花，大世界"的别样美丽。

在学习来自世界各地的茶花专著时，虽然会有或多或少的关于束花茶花品种的介绍，总有意犹未尽之感。2015年萌生了整理一本“小茶花的秘密世界”的冲动，希望能够较为系统地梳理束花茶花的前世今生，让它们的美丽绽放在更广阔的土地上，走进更多茶花爱好者和研究人员的世界。一晃3年过去了，成书的过程，不仅是对我和团队心智的磨炼，也是对科研世界太多未知的挑战。从对世界束花茶花育种历史、束花茶花品种的系统编写，到对团队科研成败的倾情书写，我和我们的团队实现了从编到著的蜕变。

张宏达先生说“十年一剑功犹浅，磨砺以须莫蹉跎”。我们在这个领域停留的时间越久，内心就越是紧张和惶恐，“不确定”、“不知道”成为探索过程中最多的感受，而对太多未知与困惑的探究也成为内心更加坚定的方向和渴望。短短十年，我们还有太多的未知需要探索，本书如果能够让读者较为清晰地看到束花茶花的发展，能够对束花茶花育种有一个可操作、可研究的技术与方向，促进我国丰富的连蕊茶组和毛蕊茶组资源在束花茶花育种中的应用和研究，我们已经倍感欣慰。成书过程虽然漫长，最终成书依然觉得匆忙，总感觉有未尽之处，不足之处，望读者指正。

张亚利

2017年12月22日

目录

CONTENTS

第1章

束花茶花概述

茶花是起源于中国的十大传统名花，由野生进入宫廷和庭园栽培的历史悠久，文字可考，上溯至三国蜀汉时代（距今1800年），而真实历史则可能推至更为久远的先秦时期。7世纪，中国的山茶首次传入日本；17世纪，英国人首次在东亚采回山茶标本；在此之后的18和19世纪，山茶花多次传往欧美，风靡一时，也因此获得“世界名花”的美名。经过几百年的发展，至今育成3万多个不同花型和花色的品种，涵盖了抗寒茶花、黄色茶花、芳香茶花、多季开花茶花等多个领域。

茶花之美，除了观赏其容，更在欣赏其神韵和品格。古人早在明代《茶花百韵》中就归纳了茶花的“十德”，从花、叶、型及习性等方面总结出其所具有的优异观赏品质。茶花作为二十四番花信风（物候）代表植物之一，尤其是作为著名的观赏花卉，广受各阶层人士喜爱，如张舜民（宋）的“叶硬经霜绿，花肥映雪红”，陆游（南宋）的“惟有小茶偏耐久，绿丛又放数枝红”，“雪里开花到春晚，世间耐久孰如君”以及归有光（明）的“虽是富贵姿，而非妖冶容”等诗句，从这些诗句中，我们看到了茶花富贵之姿和傲骨之韵，而这也是茶花留在从古至今每一个人心中的印象。殊不知，茶花家族的遗传史上不仅有大气、端庄、圣洁的大家闺秀，亦有小巧、精致、俏皮的小家碧玉。

本书的主角即是茶花家族中育种历史不足百年，却有着“秀而不媚，寒而不清”品格的小家碧玉：束花茶花。束花茶花（聚花茶花、簇花茶花）（cluster-flowering camellias）的提法在威廉姆斯 · L · 阿克曼（William L. Ackerman）先生的《茶花新视界：抗寒茶花育种、繁殖与栽培》（*Beyond the Camellia Belt: Breeding, Propagating, and Growing Cold-Hardy Camellias*）一书中有提及，cluster-flowering hybrids用于描述花小且繁密，并拥有与之匹配的小型叶片的杂交种，主要是来自山茶属的小花种质资源，书中所列举的品种主要是以尖连蕊茶［*Camellia cuspidata*（Kochs) Wright］等连蕊茶组（*Camellia* Sect. *Theopsis* Cohen-Stuart）种质资源为亲本的品种。结合作者近年来对后生山茶亚属（*Camellia* Subgen. *Metacamellia* H. T. Chang）原种及其繁衍品种的研究，将多枚花蕾顶生和腋生，花似成束（串）开放的茶花品种（图1-1）称为束花茶花，主要以后生山茶亚属的原种资源为亲本培育而来。该类品种具有开花繁密、芳香、叶型优美等观赏特性。

值得一提的是，束花茶花最早被关注的原因之一是其抗花腐病的优良特性。花腐病是由茶花花腐真菌（*Giborinia camelliae* Kohn）侵染花瓣所引发的一种病害（图1-2）。受害的花朵先是出现棕褐色小斑点，以后逐渐扩大，直至整个花朵变成褐色而枯萎，从而成为影响茶花观赏价值的重要病害之一。因此，束花茶花抗花腐病这一特性在西方国家很快引起了育种者和研究者的关注。此外，束花茶花也是选育耐高温、耐碱性土壤等抗性品种的优良资源。

中国拥有丰富的山茶属资源，无论是在过去、现在，还是未来，束花茶花和其他的茶花一样，拥有别样的精彩和无限的可能。

图1-1　束花茶花‘上植华章’（‘Shangzhi Huazhang’）

图1-2　花腐真菌侵染的山茶

1.1 山茶属的分类概述

在山茶属的分类中，目前主要有三种分类系统。(1)西利(Sealy)的分类系统：1958年英国皇家植物园的罗伯特·J·西利(Robert J. Sealy)先生出版了《山茶属植物订正》(*Revision of The Genus Camellia*)一书，把山茶属植物分成12个组，82个原种。由于年代比较久远，目前已基本不使用。(2)张宏达分类系统：1981年，中国著名山茶植物分类学家张宏达先生出版了《山茶属植物的系统研究》一书。他把山茶属分成4个亚属，19个组，198个原种。至1998年，张宏达将山茶属原种列出了4个亚属，20个组，280个原种。其中中国分布的为238种，分属18个组，占85%。(3)闵天禄分类系统：2000年，中国科学院昆明植物研究所闵天禄研究员出版了《世界山茶属的研究》一书。他大大缩减了山茶原种的数量，把山茶属订正为2个亚属，14个组，119个原种。

1.1.1 山茶属分类概述

鉴于本书分析的品种大部分出自20世纪和21世纪初，文中主要采用张宏达先生对山茶属植物的分类系统，以方便后期对品种亲本的分析。张宏达先生的分类系统概述见表1-1。

为了对各亚属和组有更清晰的了解，作者进一步收集整理部分山茶属模式植物标本(图1-3)，以期对该属有一个比较直观的认识。

山茶属的分类 表1-1

亚属	组	模式种
原始山茶亚属 (*Camellia* Subgen. *Protocamellia* H. T. Chang)	1. 古茶组*Camellia* Sect. *Archecamellia* Sealy	多瓣山茶*Camellia petelotii* (Merrill) Sealy
	2. 实果茶组*Camellia* Sect. *Stereocarpus* (Pierre) Sealy	实果茶*Camellia dormoyana* (Pierre) Sealy
	3. 匹克茶组*Camellia* Sect. *Piquetia* (Pierre) Sealy	匹克茶*Camellia piquetiana* (Pierre) Sealy
山茶亚属 (*Camellia* Subgen. *Camellia* H. T. Chang)	4. 油茶组*Camellia* Sect. *Oleifera* H. T. Chang	油茶*Camellia oleifera* Abel
	5. 糙果茶组*Camellia* Sect. *Furfuracea* H. T. Chang	糙果茶*Camellia furfuracea* (Merrill) Cohen-Stuart
	6. 短柱茶组*Camellia* Sect. *Paracamellia* Sealy	落瓣短柱茶*Camellia kissi* Wallich
	7. 半宿萼茶组*Camellia* Sect. *Pseudocamellia* Sealy	半宿萼茶*Camellia szechuanensis* C. W. Chi
	8. 瘤果茶组*Camellia* Sect. *Tuberculata* H. T. Chang	瘤果茶*Camellia tuberculata* S. S. Chien
	9. 小黄花茶组*Camellia* Sect. *Luteoflora* H. T. Chang	小黄花茶*Camellia luteoflora* Y. K. Li ex H. T. Chang & F. A. Zeng
	10. 红山茶组*Camellia* Sect. *Camellia* (Linnaeus) Dyer	山茶*Camellia japonica* Linnaeus

续表

亚属	组	模式种
茶亚属 [*Camellia* Subgen. *Thea* (Linnaeus) H. T. Chang]	11. 离蕊茶组*Camellia* Sect. *Corallina* Sealy	离蕊茶*Camellia corallina* (Gagnep) Sealy
	12. 短蕊茶组*Camellia* Sect. *Brachyandra* H. T. Chang	短蕊茶*Camellia brachyandra* H. T. Chang
	13. 金花茶组*Camellia* Sect. *Chrysantha* H. T. Chang	金花茶*Camellia nitidissima* C. W. Chi
	14. 长柄山茶组*Camellia* Sect. *Longipedicellata* H. T. Chang	长柄山茶*Camellia longipetiolata* (Hu) H. T. Chang & D. Fang
	15. 管蕊茶组*Camellia* Sect. *Calpandria* (Bl.) Cohen-Stuart	管蕊茶*Camellia lanceolata* (Bl.) Seem.
	16. 茶组*Camellia* Sect. *Thea* (Linnaeus) Dyer	茶*Camellia sinensis* (Linnaeus) Kuntze
	17. 超长柄茶组*Camellia* Sect. *Longissima* H. T. Chang	超长柄茶*Camellia longissima* H. T. Chang & S. Ye Liang
	18. 秃茶组*Camellia* Sect. *Glaberrima* H. T. Chang	
后生山茶亚属 (*Camellia* Suben. *Metacamellia* H. T. Chang)	19. 连蕊茶组*Camellia* Sect. *Theopsis* Cohen-Stuart	尖连蕊茶*Camellia cuspidata* (Kochs) Wright
	20. 毛蕊茶组*Camellia* Sect. *Camelliopsis* (Pierre) Sealy	长尾毛蕊茶*Camellia caudata* Wallich

注：本表参考张宏达著《山茶属植物的系统研究》及《中国植物志》49（3）卷整理。

与现代的数码摄影技术及标本制作技术相比，这些标本略显陈旧，但仔细观察的话，可以体会到厚重的年代感，想象当年植物分类学家的工作场景，也能直观地了解模式种的主要形态特征。

在山茶属200多个原种的基础上，目前，世界上已培育出30000多不同花型或者花色的山茶品种，主要来自于表1-1中的山茶亚属和茶亚属中的油茶组、红山茶组、金花茶组等。如山茶、西南红山茶（*Camellia pitardii*）、滇山茶（*Camellia reticulata*）、怒江红山茶（*Camellia saluenensis*）、杜鹃红山茶（*Camellia azalea*）、金花茶、茶梅（*Camellia sasanqua*）等，形成了抗寒茶花、黄色茶花、多季开花茶花等茶花品种类群。本书的主角束花茶花则主要来自于后生山茶亚属。

1.1.2 后生山茶亚属概述

如前所述，束花茶花主要是以后生山茶亚属的连蕊茶组和毛蕊茶组的种质资源为亲本之一培育而来，目前主要以连蕊组的原种为主。因此，在对山茶属的整体分类有一个基本了解的基础上，本书根据张宏达先生的分类系统，并结合闵天禄先生的分类系统，对连蕊茶组和毛蕊茶组的种质资源进行概述。同时参考《中国植物志》英文修订版（*Flora of China*，以下简称FOC）的最新修订，对修订的种进行了备注。

后生山茶亚属Subgen. *Metacamellia* Chang Tax. Gen. Camellia, 128, 1981; Chang et Bartholomew Camellias, 157, 1984。

花1～3朵腋生，中等大或较小，白色，稀为红色，有花柄；苞片2～8片，宿存；萼片5～6片，基部多少连生成杯状，宿存；花瓣5～8片，基部连生；雄蕊1～2轮，花丝通常连成短管，稀离生；子房3室，稀4～5室，花柱连合，顶端3（～5）裂。蒴果通常1室，无中轴。

本亚属模式：尖连蕊茶 *Camellia cuspidata* (Kochs) Wright

本亚属共63种，我国产60种，分隶于两个组。

（1）连蕊茶组 Sect. *Theopsis* Cohen-Stuart in Meded.Proefst.Thee, XL. 69. 1916; Sealy Rev. Gen. Camellia, 48, 1985

花中等大，雄蕊离生或基部合生，花丝无毛，花药背部着生，子房无毛。

本组模式种：尖连蕊茶*Camellia cuspidata* (Kochs) Wright（图1-4）。

本组有49种，我国产46种。

系1. 原始连蕊茶系Ser. *Cuspdidatae* Chang Tax. Gen. Camellia, 128, 1981; Chang et Bartholomew Camellias, 162, 1984。

长尖连蕊茶 *Camellia acutissima* H. T. Chang［修订为大花尖连蕊茶（*Camellia cuspidata* var. *grandiflora* Sealy）］。

黄杨叶连蕊茶 *Camellia buxifolia* H. T. Chang［修订为川鄂连蕊茶（*Camellia rosthorniana* Handel-Mazzetti）］。

美齿连蕊茶 *Camellia callidonta* H. T. Chang［修订为云南连蕊茶（*Camellia tsaii* X. S. Hu）］。

厚柄连蕊茶 *Camellia crassipes* Sealy。

尖连蕊茶 *Camellia cuspidata* (Kochs) Wright。

蒙自连蕊茶*Camellia forrestii* (Diels) Cohen-Stuart。

荔波连蕊茶 *Camellia lipoensis* H. T. Chang et Z. R. Xu［修订为川鄂连蕊茶（*Camellia rosthorniana* Handel-Mazzetti）］。

长萼连蕊茶 *Camellia longicalyx* H. T. Chang。

长凸连蕊茶 *Camellia longicuspis* S. Y. Liang［修订为大花尖连蕊茶（*Camellia cuspidata* var. *grandiflora* Sealy）］。

大萼连蕊茶 *Camellia macrosepala* H. T. Chang［修订为大花尖连蕊茶（*Camellia cuspidata* var. *grandiflora* Sealy）］。

微花连蕊茶 *Camellia minutiflora* H. T. Chang［修订为*Camellia lutchuensis* var. *minutiflora* (H. T. Chang) T. L. Ming］。

细尖连蕊茶 *Camellia parvicuspidata* H. T. Chang［修订为尖连蕊茶（*Camellia cuspidata* (Kochs) Wright）］。

肖长尖连蕊茶 *Camellia subacutissima* H. T. Chang［修订为贵州连蕊茶（*Camellia costei* Léveillé）］。

截叶连蕊茶 *Camellia truncata* H. T. Chang et C. X.Ye［修订为蒙自连蕊茶（*Camellia forrestii* (Diels) Cohen-Stuart）］。

系2. 秃连蕊茶系 Ser. *Gymnandrae* Chang Tax. Gen. Camellia, 144, 1981; Chang et Bartholomew Camellias, 172. 1984。

钟萼连蕊茶 *Camellia campanisepala* H. T. Chang［修订为浙江尖连蕊茶（*Camellia cuspidata* var.*chekiangensis* Sealy）］。

贵州连蕊茶 *Camellia costei* Léveillé。

秃梗连蕊茶 *Camellia dubia* Sealy［修订为贵州连蕊茶（*Camellia costei* Léveillé）］。

长管连蕊茶 *Camellia elongata* (Rehder et Wilson) Rehder。

柃叶连蕊茶 *Camellia euryoides* Lindley。

图1-4 尖连蕊茶（图片来源：吴棣飞）

毛花连蕊茶 *Camellia fraterna* Hance。

岳麓连蕊茶 *Camellia handelii* Sealy［修订为阿里山连蕊茶（*Camellia transarisanensis* (Hayata) Cohen-Stuart）］。

九嶷山连蕊茶 *Camellia jiuyishanica* H. T. Chang et L. L. Qi［修订为浙江尖连蕊茶*Camellia cuspidata* var. *chekiangensis* Sealy］。

披针叶连蕊茶 *Camellia lancilimba* H. T. Chang［修订为浙江尖连蕊茶（*Camellia cuspidata* var. *chekiangensis* Sealy）］。

长果连蕊茶 *Camellia longicarpa* H. T. Chang［修订为川滇连蕊茶（*Camellia synaptica* Sealy）］。

膜叶连蕊茶 *Camellia membranacea* H. T. Chang［修订为长尾毛蕊茶（*Camellia caudata* Wallich）］。

小石果连蕊茶 *Camellia parvilapidea* H. T. Chang［修订为长尾毛蕊茶（*Camellia caudata* Wallich）］。

细叶连蕊茶 *Camellia parvilimba* Merrillet et Metcalf［修订为柃叶连蕊茶（*Camellia euryoides* Lindley）］。

超尖连蕊茶 *Camellia percuspidata* H. T. Chang［修订为长尾毛蕊茶（*Camellia caudata* Wallich）］。

玫瑰连蕊茶 *Camellia rosaeflora* Hooker。

川鄂连蕊茶 *Camellia rosthorniana* Handel-Mazzetti。

七瓣连蕊茶 *Camellia septempetala* H. T. Chang et L. L. Qi［修订为大花尖连蕊茶（*Camellia cuspidata* var. *grandiflora* Sealy）］。

五室连蕊茶 *Camellia stuartiana* Sealy。

阿里山连蕊茶 *Camellia transarisanensis* (Hayata) Cohen-Stuart。

南投秃连蕊茶*Camellia transnokoensis* Hayata［修订为琉球连蕊茶（*Camellia lutchuensis* Itō）］。

三花连蕊茶 *Camellia triantha* H. T. Chang［修订为长尾毛蕊茶（*Camellia caudata* Wallich）。

毛枝连蕊茶 *Camellia trichoclada* (Rehder) S. S. Chien。

云南连蕊茶 *Camellia tsaii* X. S. Hu。

系3. 毛连蕊茶系 Ser. *Trichandrae* Chang Tax. Gen. Camellia, 163, 1981; Chang et Bartholomew Camellias,192, 1984。

披针萼连蕊茶 *Camellia lancicalyx* H. T. Chang［修订为毛萼金屏连蕊茶（*Camellia tsingpienensis* X. S. Hu var. *pubisepala* H. T. Chang）］。

能高连蕊茶 *Camellia nokoensis* Hayata［修订为毛蕊柃叶连蕊茶（*Camellia euryoides* var. *nokoensis* (Hayata) T. L. Ming）］。

小长尾连蕊茶 *Camellia parvicaudata* Chang［修订为毛萼金屏连蕊茶（*Camellia tsingpienensis* var. *pubisepala* H. T. Chang）］。

小卵叶连蕊茶 *Camellia parvi-ovata* H. T. Chang et S. S. Wang ex H. T. Chang。

半秃连蕊茶 *Camellia subglabra* H. T. Chang［修订为小长尾毛蕊茶（*Camellia caudata* var. *gracilis* (Hemsley) Yamamoto ex H. Keng）］。

毛丝连蕊茶 *Camellia trichandra* H. T. Chang［修订为毛丝连蕊茶（*Camellia cuspidata* var. *trichandra* (H. T. Chang) T. L. Ming）］。

金屏连蕊茶 *Camellia tsingpienensis* X. S. Hu。

细萼连蕊茶 *Camellia tsofuii* S. S. Chien［修订为毛蕊柃叶连蕊茶（*Camellia euryoides* var. *nokoensis* (Hayata) T. L. Ming）］。

绿萼连蕊茶 *Camellia viridicalyx* H. T. Chang et S. Y. Liang。

（2）毛蕊茶组 Sect. *Eriandria* Cohen-Stuart—Camelliopsis (Pierre) Sealy, Rev. Gen. Camellia, 97, 1958; Chang Tax. Gen. Camellia, 169, 1981

花小或中等大，1～2朵腋生，白色，有短柄。苞片2～5片，宿存。萼片5～6片，多少连成杯状，宿存。花瓣5～6片，基部连生。雄蕊1～2轮，常连成花丝管，常被毛，花药基部着生。子房被毛，3室，花柱连生，3裂。蒴果1室，无中轴，种子1个。

本组模式种：长尾毛蕊茶 *Camellia caudata* Wallich（图1-5）。

本组有14种，全产我国，个别的种到达中南半岛及喜马拉雅南坡。主要包括：

香港毛蕊茶 *Camellia assimilis* Champion ex Bentham［修订为长尾毛蕊茶（*Camellia caudata* Wallich）］。

大萼毛蕊茶 *Camellia assimiloides* Sealy。

白毛蕊茶 *Camellia candida* H. T. Chang。

长尾毛蕊茶 *Camellia caudata* Wallich。

心叶毛蕊茶 *Camellia cordifolia*（Metcalf）Nakai。

杯萼毛蕊茶 *Camellia cratera* H. T. Chang［修订为大萼毛蕊茶（*Camellia assimiloides* Sealy）］。

无齿毛蕊茶 *Camellia edentata* H. T. Chang［修订为小长尾毛蕊茶（*Camellia caudata* var. *gracilis* (Hemsley) Yamamoto ex H. Keng）］。

四川毛蕊茶 *Camellia lawii* Sealy。

广东毛蕊茶 *Camellia melliana* Handel-Mazzetti。

斑枝毛蕊茶 *Camellia punctata*(Kochs) Cohen-Stuart。

柳叶毛蕊茶 *Camellia salicifolia* Champion ex Bentham。

棱果毛蕊茶 *Camellia trigonocarpa* H. T. Chang［修订为大萼毛蕊茶（*Camellia assimiloides* Sealy）］。

小果毛蕊茶 *Camellia villicarpa* S. S. Chien。

文山毛蕊茶 *Camellia wenshanensis* Hu[修订为心叶毛蕊茶*Camellia cordifolia* (Metcalf) Nakai］。

另外，叶创兴等在2001年发表新种毛药山茶（*Camellia renshanxiangiae* C. X. Ye et X. Q. Zheng），具体见本书第3章。

连蕊茶组和毛蕊茶组作为山茶属资源，拥有多枚花蕾顶生和腋生、花芳香等生物学特性，为培育密花、芳香等茶花品种类群提供了丰富的种质资源，无论是作为育种、研究或是景观应用，均具有很好的应用价值。

图1-5　长尾毛蕊茶（图片来源：高继银）

1.2 束花茶花的形态学特性

束花茶花作为一类以花蕾着生方式为特色之一的品种类群，虽然至今已见报道的品种仅有200余种，但却以精灵般的特色独树一帜，成为茶花家族中识别度极高的品种类群之一。结合其自身特色，现将束花茶花的形态学特征列述如下。

1.2.1 花

1. 花蕾着生方式

根据束花茶花的特性，其花蕾的着生方式多以顶生和腋生为主，尤其是顶部花蕾密集，可多达40余枚，形成如花球一样的花束；而腋生的花蕾，一般每个叶腋至少2～3枚，整个枝条上各个叶腋的花蕾开放时，形成似束（串）的花枝，体现出束花茶花小而精、繁而密的特性（图1-6）。

由于束花茶花的花量繁多，其花的大小相对传统茶花而言，主要集中在微型（≤6cm）和小型（6～7.5cm）的花径范围，随着束花茶花育种的不断发展，中型及以上花型且具有束花特性的品种有望不断突破。

2. 花型

根据《国际山茶登录》（*The International Camellia Register*）及《植物新品种特异性、一致性、稳定性测试指南——山茶属》[*Guidelines for the conduct of tests for distinctness, uniformity and stability—camellia* (*Camellia* L.)] 中关于花型的描述，结合束花茶花现有品种的特征，本书对束花茶花的花型描述如下：

单瓣型：不超过8枚的规则或不规则花瓣排成单轮状，雄蕊无瓣化。目前束花茶花中以单瓣型居多，如‘Snowstorm’（图1-7）。

半重瓣型：8枚以上的花瓣排成两轮或多轮，具有明显雄蕊花心，无雄蕊瓣化。花瓣可以是规则的或不规则的或松散状的。如‘Lollypop’（图1-7）。

图1-6　束花茶花花蕾及花的着生方式

1—'Snowstorm' 单瓣型；　2—'Lollypop' 半重瓣型；　3—'Scented Gem' 托桂重瓣型；
4—'Monticello' 牡丹花重瓣型；　5—'Spring Festival' 玫瑰花重瓣型；　6—'Sweet Jane' 完全重瓣型

图1-7　束花茶花的花型（图片来源：http://www.camelliasaustralia.com.au/; http://www.atlanticcoastcamelliasociety.org/）

托桂重瓣型：外轮大花瓣排成单轮或多轮，而花朵中央的雄蕊几乎全部瓣化，呈一圆头状凸起。如‘Scented Gem’（图1-7）。

牡丹花重瓣型：细分为两种典型类型，一是松散不规则重瓣型，通常花瓣不规则或呈波浪形，渐向花心花瓣则渐小，排列松散，束状雄蕊与花瓣相同，有时小花瓣、瓣化雄蕊和正常雄蕊形成一个花心；二是完全牡丹型或完全不规则重瓣型，由不规则花瓣、扭曲花瓣以及雄蕊瓣和正常雄蕊呈不明显圆头形凸起。如‘Monticello’（图1-7）。

玫瑰花重瓣型：花瓣呈覆瓦状多轮排列，花朵完全展开时，在花蕾状花心的凹陷处有少许雄蕊，雌蕊完全退化。如‘Spring Festival’（图1-7）。

完全重瓣型：规则花瓣层层相叠，无雌蕊、雄蕊。如‘Sweet Jane’的部分花朵（图1-7）。

由于束花茶花多为连蕊茶组原种杂交而来的F1代或F2代，重瓣型品种相对较少，目前仅见少数玫瑰花重瓣型的束花茶花品种。

3. 花色

在山茶属的新品种中，除了蓝色之外，红、橙、黄、绿、青、紫几个色系均已培育出来。在发展不足百年的束花茶花中，由于连蕊茶组原种多以白色或白粉色居多，其F1代的花色也多以红色系为主，包括了白粉、浅粉、玫红等颜色（图1-8），因此，束花茶花在花色的育种上还有很大的探索空间。

1.2.2 叶

束花茶花的叶和花一样，有着极为协调的精致、小巧。叶片的大小多小于其他山茶亚属的原种及品种，叶片的质地主要以革质或草质为主。

1. 叶形

在连蕊茶组原种中，叶形主要有卵状披针形、卵形、椭圆形、披针形，叶尖形状有渐尖、微凹、阔短尾尖、长尾尖等。在叶形和叶尖形状以及叶缘锯齿等方面，连蕊茶组和其他组基本一致，但由于其叶片较小，从而显得格外精致（图1-9）。

在以连蕊茶组为亲本培育的束花茶花品种中，随着另外一个亲本的日渐丰富，束花茶花品种的叶也不断丰富（图1-10）。从图1-10中可见卵圆形、披针形等叶片形状，由于遗传了连蕊组亲本叶片娇小的特性，束花茶花品种不仅有了丰富的叶形，也有了小巧的特性。除此之外，上海植物园以白鱼尾叶椿（*C. japonica*‘Shirokingyota-tsubaki’）和琉球连蕊茶（*C. lutchuensis*）杂交，形成具有鱼尾特性的束花茶花实生苗（图1-11），并命名为‘鱼叶粉香’。

1—玫瑰连蕊茶实生苗； 2—‘Kunpu’； 3—‘小粉玉’； 4—‘上植月光曲’；
5—‘鱼叶粉香’； 6—‘Minato-no-akebono’； 7—玫瑰连蕊茶实生苗； 8—‘Wirlinga Cascade’；
9—‘Koto-no-kaori’； 10—‘上植欢乐颂’

图1-8 束花茶花的花色

1—短柄细叶连蕊茶（*C. parvilimba* var. *brevipes*，卵形）； 2—岳麓连蕊茶（卵状椭圆形）； 3—毛花连蕊茶（椭圆形）； 4—琉球连蕊茶（长圆形）；
5—微花连蕊茶（狭长圆形或披针形）； 6—长管连蕊茶（狭披针形）

图1-9 连蕊茶组原种的部分叶形

1—'Wirlinga Cascade'； 2—'Sweet Emily Kate'； 3—'Koto-no-kaori'； 4—'Sweet Jane'； 5—'上植月光曲'； 6—'上植华章'

图1-10 束花茶花品种的部分叶形

图1-11　鱼尾叶的束花茶花——'鱼叶粉香'

1—'玫玉'（设施栽培）；　2—'玫玉'（露地栽培）；　3—'小粉玉'（设施栽培）；　4—'小粉玉'（露地栽培）

图1-12　部分束花茶花的冬季叶色

1—南投秃连蕊茶； 2—微花连蕊茶； 3—披针萼连蕊茶； 4—'Spring Mist'； 5—'Minato-no-akebono'； 6—'玫玉'

图1-13 部分原种束花茶花品种的嫩叶叶色（图片来源：'Spring Mist'引自Jennifer Trehane著*Camellias The Gardener's Encyclopedia*）

2. 叶色

束花茶花除了叶片小巧精致之外，冬季叶片颜色、春季嫩叶颜色也是其特色之处。

（1）冬季叶色

在不同的气候带，根据冬季气温的变化，束花茶花的叶片会呈现黛色、赭色、古铜色等颜色。图1-12显示的是上海植物园束花茶花品种'玫玉'和'小粉玉'在设施栽培和露地栽培环境下的冬季叶色。在上海，如果恰逢一场冬雪，则有雪裹红叶似春花的盛景。

（2）春季嫩叶叶色

众所周知，嫩叶的颜色与花色一般具有紧密的相关性。在束花茶花中，嫩叶会呈现鲑鱼色或枣红色等颜色，在花后形成红叶似火的观叶乐趣。根据作者的观察，束花茶花的嫩叶颜色有绿色、黄绿色及不同深浅的红色（图1-13），色叶期一般可持续约1～1.5个月，从而为山茶花增添了新的观赏特性。

1.2.3 生长习性

束花茶花多为常绿灌木或小乔木，枝条生长主要有直立、开张、半开张、垂枝、匍匐状。在连蕊茶组原种中，有枝条开张，形成匍匐状的树形；也有枝条半开张，形成塔形、椭圆形等树形。目前，已有的束花茶花品种主要以灌木类型为主，植株多为直立、开张或半开张的生长习性，也有少量垂枝或匍匐的品种出现。如‘Baby Bear’等矮生品种，‘垂枝粉玉’（‘Pink Cascade’）等垂枝品种（图1-14）。

通过以上对束花茶花在山茶属分类中的概述及其生物学特性的简述，可以逐步明晰束花茶花的过去、现在和未来，从而为其育种做出更好的规划。

1—‘小粉玉’（半开张）；　2—‘玖玉’（开张）；　3—‘垂枝粉玉’（垂枝）

图1-14　部分束花茶花的树形

3

第2章

束花茶花育种发展历程

茶興復詩心

束花茶花就如同它那朦朦胧胧的粉，深深浅浅的红，神秘而美丽。1939年前，尖连蕊茶（*C. cuspidata*）和怒江红山茶（*C. saluenensis*）杂交出现的'Winton'（图2-1）开启了束花茶花育种的大门。

在不足百年的发展历程中，从英国、美国、新西兰、澳大利亚到日本、中国，已培育出200多个束花茶花新品种，这些品种或是如白雪公主般自带光环，惊艳四座，或是如灰姑娘般苦尽甘来，声名远播。

本章分别从时间和空间维度对束花茶花品种进行了整理和分析，以期更直观地呈现其发展历程。

图2-1 'Winton'（图片来源：J. Trehane著*Camellias: The Gardener's Encyclopedia*）

2.1 时间维度的发展

20世纪中叶以来，国际山茶界的育种者逐步运用山茶属连蕊茶组的原种与山茶（*C. japonica*）、茶梅（*C. sasanqua*）等种（品种）进行杂交，并培育出许多优良的束花茶花品种。根据内维尔·海顿（Neville Haydon）先生和王仲朗研究员整理的已登录束花茶花品种，并结合山茶属的部分专著与山茶协会的网站等信息，作者对束花茶花发展至今的品种概况进行了梳理。

2.1.1 20世纪的束花茶花育种

20世纪期间，登录或报道的品种210余个。作者以报道信息完整、无存疑情况的206个品种为样本，对每10年的束花茶花报道数量进行了分析，见图2-2。

从图2-2不难看出，束花茶花的发展经历了缓慢发展至快速发展的过程，1950年前，仅报道2个品种；在1981～1990年间，有89个束花茶花品种的报道，1991～2000年则报道了72个束花茶花品种，在20世纪后期的20年中，共计报道了160多个品种，占到20世纪报道束花茶花品种的80%左右。

1939年前，希勒（Hillier）采用尖连蕊茶（*C. cuspidata*）为亲本，培育了束花茶花新品种‘Winton’，1955年发

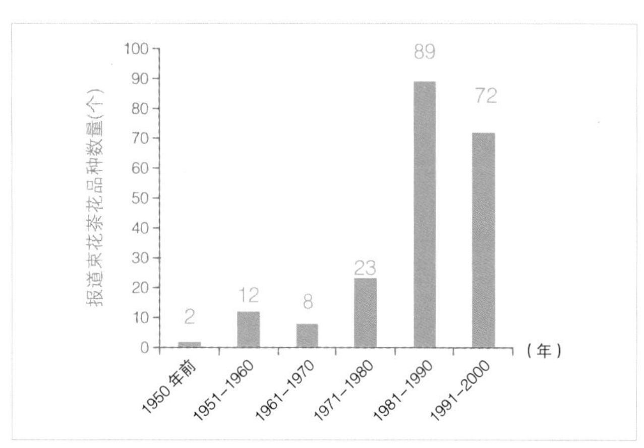

图2-2 20世纪束花茶花品种统计图

图2-3 ‘Cornish Snow’（图片来源：J. Trehane著*Camellias: The Gardener's Encyclopedia*）

表在英国皇家园艺协会杂志。这或许是束花茶花开始杂交育种的最早记载，也是尖连蕊茶用于山茶杂交育种的最早记载。

1948年，英国皇家园艺协会杂志报道，英国乔治·查尔斯·威廉姆斯（John Charles Williams）先生用尖连蕊茶（*C. cuspidata*）作为母本，以怒江红山茶（*C. saluenensis*）作为父本进行杂交，培育出束花茶花品种‘Cornish Snow’（图2-3）和其姐妹花‘Cornish Cream’，两个品种以其小花、密花的特性，在世界最高规格的园艺盛会中惊艳了园艺家，并双双荣获英国皇家园艺学会的“梅里特奖”（Award of Merit）。或许正因为‘Cornish Snow’耀眼的光环，使前述的‘Winton’常常被误认为‘Cornish Snow, Winton’。

1961年，‘Tiny Princess’在《美国山茶年鉴》（*American Camellia Yearbook*）上发表，成为首个报道的以毛花连蕊茶（*C. fraterna*）为亲本培育的束花茶花。该品种1956年首次开花，有单瓣型、半重瓣型及牡丹花重瓣型3种花型（图2-4），白粉色花朵极其繁密。‘Tiny Princess’一如她的名字一样高贵，在接下来的半个世纪活跃在世界束花茶花育种领域，并繁衍出20余个束花茶花新品种，其中包括了著名的Wirlinga系列、‘Christmas Daffodil’、‘Gay Baby’、‘Itty Bit’等品种。束花茶花育种历史发展至今，‘Tiny Princess’毫无疑问地成为以连蕊茶组原种为亲本所培育F1代中的佼佼者。

1970年，《美国山茶年鉴》刊登了‘Fragrant Pink’（‘粉香’），是以琉球连蕊茶（*C. lutchuensis*）为亲本的品种。该品种1964年首次开花，为当时少见的牡丹花型，并因开花繁密，花朵芳香成为其亮点，该品种于1982年获得英国皇家园艺学会的“梅里特奖”。

在接下来束花茶花育种的高速发展期，玫瑰连蕊茶（*C. rosaeflora*）、能高连蕊茶（*C. nokoensis*）等相继进入了束花茶花育种的亲本行列，促进了束花茶花品种的不断发展。

图2-4 ‘Tiny Princess’（图片来源：http://www.atlanticcoastcamelliasociety.org；https://www.americancamellias.com；J. Trehane著*Camellias: The Gardener's Encyclopedia*）

2.1.2 21世纪初束花茶花的发展

进入21世纪，从2001年至2017年底，据不完全统计，共登录束花茶花品种50余种（表2-1），主要来自于美国、中国、新西兰等国家。

21世纪报道的束花茶花品种（截至2017年6月）

表2-1

品种名	报道年份	出处	命名人（登录人）	培育国家	母本	父本
‘Good Fragrance’	2001	《新西兰山茶会刊》（*New Zealand Camellia Bulletin*）	芬利（Jim. R .Finlay）	新西兰	‘Fragrant One’	*C. yuhsienensis*
‘Fragrant Burgundy’	2002	*New Zealand Camellia Bulletin*	J. R. Finlay	新西兰	‘Fragrant One’	*C. yuhsienensis*
‘Sweet Scented’	2002	*New Zealand Camellia Bulletin*	J. R. Finlay	新西兰	*C. higo* ‘Mikuni-no-hime’	‘High Fragrance’
‘Transpink’	2004	*New Zealand Camellia Bulletin*	N. Haydon	新西兰	*C. transnokoensis*	
‘Allure’	2006	山茶品名录（SCCS, Camellia Nomenclature）	瑞（W & M. A. Ray）	美国	*C. japonica* ‘Reg Ragland’	*C. lutchuensis*
‘Alice Evelyn’	2006	《山茶新闻》（*Camellia News*）	马乔里·贝克（Marjorie Baker）	澳大利亚	‘Snow Drop’的机遇苗	
‘Sister Camilla’	2006	*Camellia News*	Marjorie Baker	澳大利亚	‘Snow Drop’的机遇苗	
‘Wil's Wonder’	2007	*Camellia News*	格雷姆·威尔弗德·阿特斯金（Graeme Wilfred Atkins）	澳大利亚	*C. sasanqua*	‘Spring Festival’和*C. fraterna*混合授粉
‘Nabb’	2009	哈特伍德苗圃种苗清单（Heartwood Nursery, Seedling List）	Heartwood Nursery	美国	*C. pitardii*	*C. fraterna*
‘Margaret G. Gill’	2009	*American Camellia Yearbook*	丹尼尔·查维特（Daniel Charvet）	美国	*C. pitardii* var. *yunnanica* × *C. reticulata* ‘Forty-Niner’	(*C. pitardii* var. *yunnanica* × *C. fraterna*) × *C. japonica* ‘Tom Knudsen’
‘Paradise Sweet Heart’	2009	*Camellia News*	天堂植物苗圃（Paradise Plants Nursery）	澳大利亚	*C. sasanqua*	一个小花的原种，种名不详
‘玫玉’（‘Sweet Gem’）	2009	*American Camellia Yearbook*	上海植物园	中国	*C. japonica* ‘Kuro-tsubaki’	*C. parvi-ovata*
‘俏佳人’（‘Belle Princess’）	2009	*American Camellia Yearbook*	上海植物园	中国	*C. japonica* ‘Kuro-tsubaki’	*C. parvi-ovata*
‘Pacific Star’	2009	Heartwood Nursery, Seedling List	Daniel Charvet	美国	*Camellia reticulata* ‘Crimson Robe’	*C. fraterna*
‘Heartwood Salute’	2009	Heartwood Nursery, Seedling List	Daniel Charvet	美国	*C. saluenensis*	*C. lutchuensis*
‘Beautiful Day’	2009	Heartwood Nursery, Seedling List	Heartwood Nursery	美国	*C. pitardii* var. *yunnanica* × ‘Forty-Niner’	‘Crimson Robe’ ×（‘Crimson Robe’ × *C. fraterna*)
‘Gypsy Lights’	2009	Heartwood Nursery, Seedling List	Daniel Charvet	美国	*C. pitardii* var. *yunnanica*	‘Crimson Robe’ ×（‘Crimson Robe’ × *C. fraterna*)
‘Jan Detrick’	2009	Heartwood Nursery, Seedling List	Daniel Charvet	美国	*C. pitardii* var. *yunnanica*	‘Crimson Robe’ ×（‘Crimson Robe’ × *C. fraterna*)

续表

品种名	报道年份	出处	命名人（登录人）	培育国家	母本	父本
‘Casad’ Angeles’	2009	Heartwood Nursery, Seedling List	Heartwood Nursery	美国	亲本包括：*C. reticulata*‘Purple Gown’、‘Tom Knudsen’、*C. pitardii* 和 *C. fraterna*	
‘Grijsii Select’	2009	SCCS, Camellia Nomenclature	牛西奥苗圃（Nuccio's Nurseries）	美国	*C. grijsii*	
‘HW0203’	2009	Heartwood Nursery, Seedling List	Heartwood Nursery	美国	亲本包括：*C. pitardii*、*C. fraterna*、‘Forty-Niner’和‘Tom Knudsen’	
‘HW0213’	2009	Heartwood Nursery, Seedling List	Heartwood Nursery	美国	亲本包括：*C. pitardii*、*C. fraterna*、‘Forty-Niner’和‘Tom Knudsen’	
‘HW0216’	2009	Heartwood Nursery, Seedling List	Heartwood Nursery	美国	亲本包括：*C. transnokoensis*、*C. pitardii*、‘Forty-Niner’和‘Purple Gown’	
‘HW0219’	2009	Heartwood Nursery, Seedling List	Heartwood Nursery	美国	亲本包括：*C. pitardii*、*C. fraterna*、‘Purple Gown’	
‘HW0242’	2009	Heartwood Nursery, Seedling List	Heartwood Nursery	美国	亲本包括：*C. pitardi*、*C. fraterna*、‘Purple Gown’和‘Crimson Robe’	
‘HW0318’	2009	Heartwood Nursery, Seedling List	Heartwood Nursery	美国	亲本包括：*C. pitardii*、*C. saluenensis*、*C. transnokoensi*、‘Purple Gown’和‘Forty-Niner’	
‘HW0348’	2009	Heartwood Nursery, Seedling List	Heartwood Nursery	美国	亲本包括：*C. pitardii*、*C. fraterna*、‘Forty-Niner’和‘Crimson Robe’	
‘HW0389’	2009	Heartwood Nursery, Seedling List	Heartwood Nursery	美国	亲本包括：*C. pitardii*、*C. fraterna*、‘Forty-Niner’和‘Tom Knudsen’	
‘Pomo Mound’	2009	Heartwood Nursery, Seedling List	Daniel Charvet	美国	*C. grijsii*	
‘Chikushi-akebono’	2010	2010国际山茶大会久留米（ICS Congress, in Kurume 2010）	凯奇（T. Kate）	日本	‘Minato-no-akebono’加倍	
‘Izumo-kaori’	2010	ICS Congress, in Kurume 2010	T. Kage	日本	‘Izumotaisha-yabu-tsubaki’	*C. lutchuensis*
‘Kasumi-no-sato’	2010	日本山茶（Camellias of Japan）	硕博桐野（Shuho Kirino）	日本	‘Kon-wabisuke’	*C. lutchuensis*
‘Takao-no-kaori’	2010	Camellias of Japan	Shuho Kirino	日本	‘Kon-wabisuke’	*C. lutchuensis*
‘Tokiwa-hime’	2010	ICS Congress, Kurume 2010		日本		

续表

品种名	报道年份	出处	命名人（登录人）	培育国家	母本	父本
‘Faerie Cups’	2010	Camellia News	特伦斯·E·佩尔森（Terence E. Pierson)	澳大利亚	‘Paradise Little Jen’的机遇苗	
‘Paradise Snowflake’	2010	Camellia News	Paradise Plants Nursery	澳大利亚		
‘Wirlinga Star’	2010	Camellia News	托马斯·J·萨维基（Thomas J. Savige）	澳大利亚		
‘Cottage Queen’	2011	《山茶品名录增刊》SCCS, Supplementary List	Daniel Charvet	美国	*C. pitardii* var. *yunnanica* × ‘Forty-Niner’	（*C. pitardii* var. *yunnanica* × ‘Purple Gown’）×（*C. saluenensis* × *C. transnokoensis*)
‘No Regrets’	2011	SCCS, Supplementary List	Daniel Charvet	美国	*C. pitardii* var. *yunnanica* × ‘Forty-Niner’	（*C. pitardii* var. *yunnanica* × ‘Purple Gown’）×（*C. saluenensis* × *C. transnokoensis*)
‘Heartwood Fandango’	2011	SCCS, Supplementary List	Daniel Charvet	美国	*C. pitardii* var. *yunnanica* × ‘Purple Gown’	*C. pitardii* var. *yunnanica* ×（‘Purple Gown’ × *C. forrestii*)
‘Cheap Frills’	2011	SCCS, Supplementary List	Daniel Charvet	美国	*C. pitardii* var. *yunnanica* × ‘Forty-Niner’	*C. pitardii* var *yunnanica* × [（‘Purple Gown’ × ‘Crimson Robe’）×（‘Crimson Robe’ × *C. fraterna*）]
‘North Baby’	2011	SCCS, Supplementary List	Daniel Charvet	美国	*C. pitardii* var. *yunnanica*	‘Crimson Robe’ ×（‘Crimson Robe’ × *C. fraterna*)
‘玫瑰春’（‘Meigui Chun’）	2012	国家林业局网站：http://www.cnpvp.net/	上海植物园	中国	*C. japonica* ‘Kuro-tsubaki’	*C. parviovata*
‘小粉玉’（‘Xiao Fenyu’）	2012	国家林业局网站：http://www.cnpvp.net/	上海植物园	中国	*C. japonica* ‘Kuro-tsubaki’	*C. parviovata*
‘天山粉’（‘Tianshanfen’）	2012	2012国际山茶大会 楚雄（Proceedings of the ICS Congress, Chuxiong 2012）	许林等	中国	*C. rosthorniana*	
‘垂枝粉玉’（‘Pink Cascade’）	2013	国家林业局网站：http://www.cnpvp.net/	上海植物园	中国	*C. japonica* ‘Kuro-tsubaki’	*C. parviovata*
‘上植欢乐颂’（‘Shangzhi Huanlesong’）	2017	国家林业局网站：http://www.cnpvp.net/	上海植物园	中国	*C. japonica* ‘Hakuhan Kujaku’	*C. handelii*
‘上植月光曲’（‘Shangzhi Yueguangqu’）	2017	国家林业局网站：http://www.cnpvp.net/	上海植物园	中国	*C. japonica* ‘Hakuhan Kujaku’	*C. handelii*
‘上植华章’（‘Shangzhi Huazhang’）	2017	国家林业局网站：http://www.cnpvp.net/	上海植物园	中国	*C. japonica* ‘Mo Yulin’	*C. subacutissima*

进入21世纪后，每年的新品种数量比20世纪后期略有减少，但却呈现了两种特征：

1. 育种与科研的结合

这一点在哈特伍德苗圃（Heartwood Nursery）和上海植物园的育种中体现最为明显。Heartwood Nursery的束花茶花品种在21世纪不断增多，已报道20多个束花茶花品种，在育种的同时与新西兰的梅西大学（Massey University）、美国的加利福尼亚大学戴维斯分校（University of California, Davis, CA）合作，针对新品种开展科学研究，如关于杂交种在抗花腐病方面的研究等。

另一个是上海植物园，上海植物园在专注于采用后生山茶亚属资源培育束花茶花新品种的同时，结合育种的需要和出现的问题，对束花茶花在耐盐碱土壤、耐全光照等抗性方面，以及在杂交败育机理、杂种早期鉴定等方面开展了大量的研究和探索工作。

2. 杂交亲本的多样性和杂交组合的复杂性

进入21世纪后，束花茶花新品种用到的后生山茶亚属资源除了尖连蕊茶（*C. cuspidata*）、琉球连蕊茶（*C. lutchuensis*）和毛花连蕊茶（*C. fraterna*）等几个种以外，不断拓展到如肖长尖连蕊茶（*C. subacutissima*）、岳麓连蕊茶（*C. handelii*）、微花连蕊茶（*C. minutiflora*）等更多的原种资源上。如上海植物园培育的‘上植华章’（‘Shangzhi Huazhang’）、‘上植月光曲’（‘Shangzhi Yueguangqu’）等上植系列品种，分别采用了肖长尖连蕊茶（*C. subacutissima*）和岳麓连蕊茶（*C. handelii*）作为亲本。在未登录的实生苗中，还采用了长管连蕊茶、微花连蕊茶等连蕊茶组资源。

除此之外，杂交组合不再单一地局限于F1代，而是有更多的资源参与到育种中。这在Heartwood Nursery的品种中特别明显。如‘North Baby’，其母本为窄叶西南红山茶×‘淘金者’（*C. pitardii* var. *yunnanica*×‘Forty-Niner’），父本为窄叶西南红山茶×［（‘紫袍’×‘大桃红’）×（‘大桃红’×毛花连蕊茶）］（*C. pitardii* var. *yunnanica*×［（‘Purple Gown’×‘Crimson Robe’）×（‘Crimson Robe’×*C. fraterna*）］这个组合着实让人目不暇接，它的培育或许经历了几个5年才得以实现。

从多轮杂交之后产生后代的形态学特征来看，其小花、密花的束花特性逐渐减少，似乎少了识别度高的典型特征。但从《山茶种间杂交花腐病抗性研究》（*Resistance to Ciborinia camelliae within interspecific hybrids of Camellia*）一文的研究结果来看，供试的试验材料中，琉球连蕊茶（*C. lutchuensis*）培育的杂种后代抗花腐病的能力最强。琉球连蕊茶（*C. lutchuensis*）可以在育种策略中用于提高后代抗花腐病的能力。

随着育种进程的不断推进，后生山茶亚属不论是在突破山茶属植物在人们心目中的形象方面，还是在突破传统茶花的适应性方面，都会有更广阔的舞台。

2.2 空间维度的发展

束花茶花的育种，并没有像山茶（*C. japonica*）、怒江红山茶（*C. saluenensis*），茶梅（*C. sasanqua*）等茶花那样受到世界的广泛关注。在对20世纪报道的200多个束花茶花培育国家进行整理的过程中（图2-5），可以清晰地看到，束花茶花的育种源于英国，兴于日本、美国、澳大利亚和新西兰。英国无疑是第一个开展束花育种的国家，在1950年前，仅见英国发表的2个束花茶花品种，但在接下来的50年，美国、日本等成为束花茶花育种的主角，并迅速发展。

2.2.1 20世纪的发展

1. 欧洲

16世纪末叶，葡萄牙人、荷兰人把中国和日本的山茶带到了非洲和欧洲。18世纪，英国园艺界对山茶了解渐多，爱好山茶的人士通过各种渠道从中国引种了许多山茶属原种和品种，成为山茶育种的重要资源，其中连蕊茶组资源也不例外，尖连蕊茶（*C. cuspidata*）、玫瑰连蕊茶（*C. rosaeflora*）、云南连蕊茶（*C. tsaii*）、毛花连蕊茶（*C. fraterna*）等目

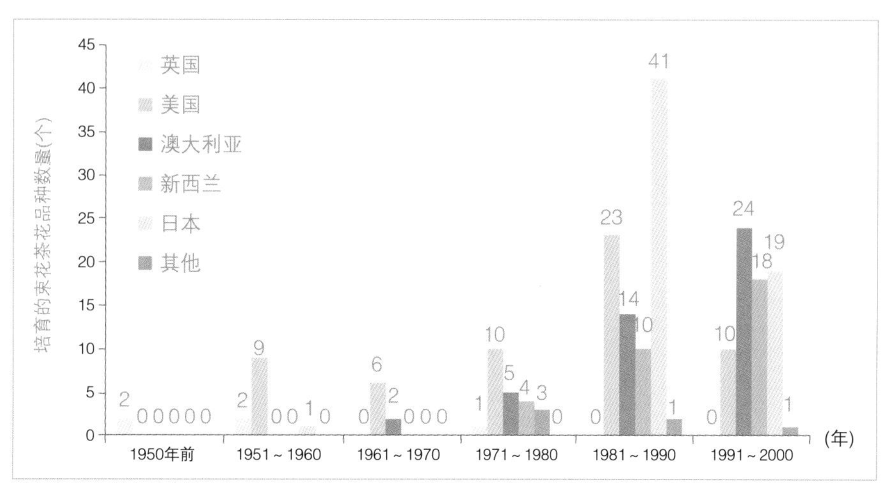

图2-5 20世纪束花茶花育种在不同国家的发展

图2-6　毛花连蕊茶

前培育出束花茶花新品种较多的资源种均在18世纪从中国传至欧洲。

连蕊茶组进入欧洲最早的记载在1822年，英国伦敦园艺协会派遣花工约翰·波茨（John Potts）到中国收集新奇植物，在归国途中，John Potts宿疾肺结核病复发，抵达英国后不久病逝，随船带回一些嫁接过的山茶亦都死了。但是，所有砧木却仍活着，第二年春天萌发出新枝丛，时隔多年之后人们才知道这些幸存的砧木是一种山茶原种柃叶连蕊茶（*C. euryoides*）。1850年英国人从中国引种玫瑰连蕊茶（《中国植物志》认为本种属杂交或为野生种，目前无法确定）。进入20世纪，陆续有一些山茶原种引种到了欧洲。1912年引种尖连蕊茶（*C. cuspidata*），1913～1931年，乔治·弗雷斯特（George Forrest））辗转将怒江红山茶（*C. saluenensis*）、云南连蕊茶（*C. tsaii*）等种子运至欧洲（沈荫椿著，《山茶》）。詹尼弗·特里亨（Jennifer Trehane）在*Camellias: The Gardener's Encyclopedia*中介绍詹姆斯·坎宁安（James Cunninghame）曾将毛花连蕊茶（*C. fraterna*）（图2-6）收集至英国，并于1958年被西利（Sealy）命名。至此，20世纪应用于束花茶花育种的几个原产中国的连蕊茶组资源全部出场，并逐渐进入其他国家。

在束花茶花的育种历史中，必须提及约翰·查尔斯·威廉姆斯（John Charles Williams）（1861.4.30～1939.3.29)，他是一位著名的英国园艺家，他栽培和培育杜鹃、山茶等植物及新品种，最主要的贡献是培育了100多个*Camellia × williamsii*杂交品种，推动了茶花在英国的育种与应用发展。

1917年，英国爱丁堡植物园派出乔治·弗雷斯特（George Forrest）在中国和缅甸发现并收集了一些怒江红山茶

（*C. saluenensis*）种子，经水路运去缅甸再托运到英国，交由J. C. Williams，在Carehays城堡的花园中播种、栽培,他利用尖连蕊茶（*C. cuspidata*）和怒江红山茶（*C. saluenensis*）培育出的束花茶花‘Cornish Snow’和‘Cornish Cream’，并于1948年公开发表。继这两个束花茶花品种之后，J. C. Williams在1954年培育出品种‘Michael’。1939年前，也是在Carehays城堡的花园，Hiller采用尖连蕊茶和怒江红山茶进行杂交，并于1955年发表品种‘Winton’，从时间上推测，Hiller和Williams极有可能是在同一时期进行的杂交工作。1973年，古丽安·卡莱恩（Gillian Carlyon）以山茶品种‘Aitonia’作为母本，尖连蕊茶（*C. cuspidata*）作为父本，培育了品种‘Cornish Spring’。此后，英国在束花茶花新品种培育方面的报道相对较少。

在英国培育的为数不多的品种中，‘Cornish Snow’是其中较为出色的一个，并在澳大利亚生根发芽。1968～1970年，先后选育出‘Bellbird’、‘Turkish Delight’、‘Muriel Tuckfield’等F2代束花茶花品种。

2. 美洲

在美洲，束花茶花育种主要在美国。美国山茶栽培源于18世纪前后，英国移民将山茶品种带到美国栽培于定居处。早期的山茶栽培主要集中在美国东部波士顿地区，20世纪以来，美国西部栽培山茶发展迅速，一些日裔园艺人士也将日本的品种不断引种至美国。因此，美国的束花茶花品种亲本，也拥有了丰富的多国家血统。据不完全统计，从1950年至2000年，美国培育的束花茶花品种数量在50余个。包括‘Scented Gem’、‘Captured Enriches’、‘Spring Festival’等束花茶花品种。

20世纪40年代，加利福尼亚州的沃克尔·威尔斯（Walker Wells）博士从英国引进了尖连蕊茶（*C. cuspidata*）和怒江红山茶（*C. saluenensis*）的杂交实生苗，其中‘Sylvia May’于1948年首次开花，1951年在美国山茶品种目录中出现。从时间推测，该品种极有可能是‘Cornish Snow’和‘Cornish Cream’同期杂交所获得的实生苗。‘Sylvia May’在美国束花茶花育种中成为重要的亲本之一，1950～1998年，形成了‘Rubbie’、‘Julie’等束花茶花F2代。此后，采用毛花连蕊茶（*C. fraterna*）为亲本选育出的‘Tiny Princess’，采用琉球连蕊茶（*C. lutchuensis*）为亲本的‘Fragment Pink’品种分别于1961年和1970年报道。从‘Fragment Pink’首次开花的时间推算，琉球连蕊茶（*C. lutchuensis*）在20世纪50年代后期已经在美国用于杂交育种。

在20世纪美国的束花茶花育种中，不得不提到一个人和一个公司。

威廉姆斯·L·阿克曼（William L. Ackerman）是美国马里兰州一位非常著名的山茶育种家，其最重要的贡献是抗寒茶花（cold-hardy camellias）育种，束花茶花育种似乎是他无心插柳柳成荫的成果，从前述的‘Fragrant Pink’、‘Spring Mind’到‘Fragrant Pink Improved’、‘White Elf’、‘Cinnamom Scentsation’、‘Fragrant Joy’以及Ack-Scent系列品种，均出自阿克曼博士之手（图2-7）。

另外，美国牛西奥苗圃（Nuccio's Nurseries）也为束花茶花育种作出了巨大贡献。1935年，意大利移民乔·牛西奥（Joe Nuccio）和胞弟朱利斯·牛西奥（Julius Nuccio）在美国加州亚特兰大（Altadena）创设牛西奥苗圃，主要开展山茶和杜鹃的育种、繁殖与销售（图2-8）。根据牛西奥苗圃的部分品种名录、沈荫椿先生《山茶》一书中的介绍及作者2013年参观牛西奥苗圃的亲身经历，深切感受到了该苗圃在茶花育种领域的重要贡献。美国牛西奥苗圃除了引种其他国

1— ‘Ack-Scent’；
2— ‘Ack-Scent Spice’；
3— ‘Cinnamon Cindy’；
4— ‘Cinnamon scentsation’；
5— ‘Fragrant Joy Variegated’；
6— ‘Fragrant Pink’；
7— ‘Fragrant Joy’

图2-7　W. L. Ackerman培育的部分束花茶花品种（图片来源：https://www.americancamellias.com）

图2-8　美国Nuccio’s Nurseries的山茶培育与繁殖

家的束花茶花品种以外，也为束花茶花育种作出了巨大贡献，如1980年发表在《美国山茶年鉴》上的‘Candle Glow’、‘垂枝’玫瑰连蕊茶（*C. rosaeflora*‘Cascade’）及目前尚未命名登录的10余个单株。此外，作者在2013年到访牛西奥苗圃时，汤姆·牛西奥（Tom Nuccio）知无不言地分享了其束花茶花已命名和未命名的品种，并赠送了插穗和种子，目前，这些插穗和种子已经在上海植物园生根发芽，并陆续开花。

3. 大洋洲

进入20世纪70年代，束花茶花的育种已经发展到大洋洲，其中新西兰和澳大利亚无疑是大洋洲束花茶花育种的典型代表，并成为20世纪继美国和日本之后培育束花茶花最多的两个国家。

（1）澳大利亚的束花茶花育种

1821年英国移民约翰·麦克阿瑟（John Macarthur）从英国伦敦写信给在澳大利亚新南威尔士的兄弟詹姆斯（James），谈起在英国看到的山茶花的美丽动人。从1831年起，一些山茶品种陆续引种到澳大利亚栽培。

澳大利亚的束花茶花育种可以从英国的‘Cornish Snow’说起，塔克菲尔德（F. S. Tuckfield）从‘Cornish Snow’上收获的种子于1968年首次开花，并在1970年的澳大利亚山茶研究协会（Australian Camellia Research Society，ACRS）上报道了‘Bellbird’和‘Turkish Delight’两个束花茶花品种，随后‘Lollypop’、‘Muriel Tuckfield’相继在1969和1970年开花。虽然以上4个品种均为‘Cornish Snow’的天然杂交苗，但毫无疑问，这是澳大利亚束花茶花育种的开始。

在20世纪接下来的30年中，澳大利亚相继培育出30多个束花茶花品种。这30余个束花茶花品种主要集中在几位茶花育种者。其中，埃德加·赛比尔（Edgar Sebire）、托马斯·詹姆斯·萨维基（Thomas James Savige）、贝克（M. Baker）、雷·加内特（Ray Garnett）4位培育的束花茶花品种就有20余个。

T. J. Savige先生无疑是澳大利亚培育束花茶花的杰出代表，他的主要贡献体现在Wirlinga系列束花茶花品种中。1975年，T. J. Savige先生采用‘Tiny Princess’和玫瑰连蕊茶（*C. rosaeflora*）为亲本的杂交苗首次开花，1977年在ACRS上刊出，名为‘Wirlinga Princess’的出现，不仅是首个采用玫瑰连蕊茶（*C. rosaeflora*）为亲本的品种，也是Wirlinga系列束花茶花的开始。T. J. Savige先生还采用云南连蕊茶（*C. tsaii*）作为亲本进行育种，他以*C. tsaii* × *C. cuspidata*的实生苗为母本，以毛花连蕊茶（*C. fraterna*）为父本，培育出‘Wirlinga Bride’，该品种1989年首次开花，1992年在ACRS上报道。该品种运用了3个连蕊茶组的原种进行杂交，无论是作为新品种，还是作为研究材料，都具有重要的理论和现实意义。此外，他还以‘Tiny Princess’为母本，云南连蕊茶（*C. tsaii*）为父本，培育出‘Spring Fanfare’。T. J. Savige先生尝试了多个连蕊茶组原种在束花茶花育种中的应用，先后培育出‘Bogong Snow’、‘Wirlinga Gem’、‘Wirlinga Rosette’、‘Wirlinga Jewel’、‘Wirlinga Ruffles’、‘Wirlinga Plum Blossom’等束花茶花品种（图2-9）。

1— ‘Wirlinga Rosette’； 2— ‘Wirlinga Princess’； 3— ‘Wirlinga Plum Blossom’；
4— ‘Wirlinga Jewel’； 5— ‘Wirlinga Gem’； 6— ‘Wirlinga Ruffles’

图2-9 T. J. Savige培育的部分束花茶花品种（图片来源：http://camelliasaustralia.com.au/）

1— ‘Baby Bear’； 2— ‘Scentuous’

图2-10 新西兰培育的部分束花茶花品种

Edgar Sebire先生的主要贡献在‘Snow Drop’及其衍生品种。1979年，Edgar Sebire先生登录品种‘Snow Drop’，该品种以西南红山茶（*C. pitardii* var. *pitardii*）为母本，毛花连蕊茶（*C. fraterna*）为父本，1975年首次开花，该品种具有束花山茶的典型特征，花量非常丰富，为当时花卉市场中花径最小的品种。在接下来的岁月里，‘Snow Drop’成为‘Adrianne Ila’、‘Norina’、‘Alpen Glo’、‘Spink’、‘Snowstorm’、‘Blondy’等束花品种的母本。

马乔里·贝克（Marjorie Baker）女士是澳大利亚束花茶花育种的另一重要代表。她一改以往采用怒江红山茶、山茶及云南山茶为亲本的做法，主要采用西南红山茶（*C. pitardii* var. *pitardii*）作为亲本和连蕊茶组原种及其F1代进行杂交，培育出‘Little Lisa Leigh’、‘Marjorie's Dream’、‘Fragrant Fairies’、‘Hide'n' Seek’、‘Pink Crepe’、‘Togetherness’等束花茶花品种。

除此之外，Ray Garnett也是值得关注的育种者，他首次运用了南投秃连蕊茶（*C. transnokoensis*）（在FOC中，此原种修订为*C. lutchuensis*）为亲本开展束花茶花育种。1987年，以*C. japonica*‘Edith Linton’为母本，南投秃连蕊茶（*C. transnokoensis*）为父本培育的‘Sweet Jane’首次开花，并于1992年在ACRS上报道。此外，‘Transtasman’也由西南红山茶和南投秃连蕊茶（*C. transnokoensis*）杂交而来。

（2）新西兰束花茶花育种

20世纪早期，新西兰着手栽培山茶，最初的品种是经由去澳洲定居的英国移民从法国引种，另外一些早年从中国引种到英国的品种也辗转引种到新西兰栽培。20世纪中叶以后，新西兰山茶育种蓬勃发展，共报道30余个束花茶花品种，包括‘Baby Willow’、‘Snippet’、‘Tiny Star’、‘Gay Baby’、‘Baby Bear’、‘Transpink’、‘Scentuous’、‘Itty Bit’、‘Quintessence’、‘Rambling Rosie’、‘Ariels Song’、‘Autumn Herald’、‘Kylie Sherie’、‘Fairy Blush’和‘Vonnie Cave’等。

在新西兰的束花茶花育种中，离不开著名的山茶育种家内维尔·海顿（Neville Haydon）先生、吉姆·芬利（Jim Finlay）、奥斯瓦尔德·布鲁姆哈德（Oswald Blumhardt）等的贡献。Neville Haydon培育出‘Baby Bear’、‘Silver Column’、‘Norina’、‘Seaspray’、‘Yumeji’等品种；Jim Finlay培育出‘Scentuous’、‘Ice Melted’、‘Katie Lee’、‘High Fragrance’、‘Souza's Pavlova’、‘Fragrant Cascade’、‘Fragrant Drift’、‘Masterscent’、‘Scented Swirl’、‘Nice Fragrance’等香花或垂枝品种；Oswald Blumhardt培育出‘Gay Baby’、‘Dream Baby’、‘Tiny Star’等优秀束花茶花品种（图2-10）。

伴随着这些著名的山茶育种家，也出现了很多可圈可点的束花茶花品种。

‘Esme Spence’或许是束花茶花中第一个托桂型品种，也是新西兰报道的第一个束花茶花品种。该品种1977年发表在《新西兰山茶会刊》（*New Zealand Camellia Bulletin*）上。其亲本为山茶（*C. japonica*）和毛花连蕊茶（*C. fraterna*），由斯潘塞（E. G. Spence）女士杂交、贝蒂·杜兰特（Bettie Durrant）女士培育而成。该品种拥有12枚长约8～9cm、宽4～5cm的外轮花瓣，颜色为柔和的粉色至白色（RHS. CC. red group 55C）。

‘Itty Bit’为1981年首次开花，1984年在《新西兰山茶会刊》（*New Zealand Camellia Bulletin*）上发表的一个托桂型或牡丹型的束花茶花品种，由*C. saluenensis*×‘Tiny Princess’杂交而来。由于目前的束花茶花品种多为单瓣和半重瓣，所以这些为数不多的托桂型和牡丹型品种在束花茶花育种中的F1代花型遗传具有重要的参考价值。

'Baby Bear'为著名山茶育种家内维尔·海顿(Neville Haydon)在20世纪70年代初培育的具有代表性的束花山茶品种，以玫瑰连蕊茶(*C. rosaeflora*)实生种作为母本，云南连蕊茶(*C. tsaii*)作为父本培育，植株低矮，成龄植株株高有时不到1m，枝丛稠密。花径约2cm，花单生，白色，偶尔出现淡粉色，花量丰富。低矮的树形，素雅的花色，小巧玲珑的花朵，使'Baby Bear'可以用于制作盆栽观赏，特别适合小型园林、庭院作为花灌木栽植。

另外，Jim Finlay还培育出垂枝品种'Fragrant Cascade'，让束花茶花的株型也在不断丰富。

4. 亚洲

在亚洲，束花茶花的育种主要集中在日本和中国，在20世纪，日本成为束花茶花育种的翘楚。

(1)日本的束花茶花育种

日本的束花茶花育种从20世纪60年代至今从未间断，20世纪已见报道的束花茶花品种就达60余个，成为培育束花茶花的世界之首。在日本的束花茶花育种中，琉球连蕊茶(*C. lutchuensis*)在育种中的应用及薰·萩谷(Kaoru Hagiya)先生的贡献格外醒目。

琉球连蕊茶(*C. lutchuensis*)作为日本原产的连蕊茶组原种，加上其浓郁的花香，抗花腐病的特色等，琉球连蕊茶毋庸置疑的成为日本束花茶花品种培育的重要亲本。据不完全统计，日本育种家在20世纪利用琉球连蕊茶培育的束花茶花就有20余个，其中，很多品种继承了琉球连蕊茶的香味，如'Kōhi'、'Kaori-hime'、'Kaori-ichigō'、'Kaori-nigō'等，成为日本束花茶花品种的一大亮点。

Kaoru Hagiya或许是迄今有报道的束花茶花育种中提及最多的日本茶花育种家。他培育的束花茶花品种约40个，包括'Tarahime'、'Toyotamahime'、'Yoshihime'、'Iwa-no-hime'、'Otohime'、'Tajimahime'、'Herb Princess'、'Sararahime'、'Hashihime'等束花茶花品种。

除此之外，喀左·吉川(Kazuo Yoshikawa)、正臣·村田(Masaomi Murata)在日本束花茶花育种中也培育出很多出色的品种，如在中国较为熟悉的'Minato-no-sakura'('港の桜')、'Minato-no-haru'('港の春')、'Minato-no-akebono'('港の曙')系列品种(图2-11)。

(2)中国的束花茶花育种

中国虽然拥有丰富的连蕊茶组原种资源，但有报道的利用连蕊茶组原种开展育种工作却相对较晚。20世纪，出现了关于上海的高级绿化工费建国先生杂交育种的报道。20世纪90年代，费建国先生在引种的茶花中，有一棵茶花嫁接苗死去，但砧木却存活了下来。据费建国先生描述，该砧木的花小、芳香，鉴定为小卵叶连蕊茶(*C. parvi-ovata*)，于是他就用砧木开的花和山茶品种'黑椿'(*C. japonica* 'Kuro-tsubaki')进行杂交，并幸运地收获了9粒种子。这9粒种子就是上海植物园后期筛选出的5个束花茶花品种的来源(图2-12)。此外，还有许林报道的'天山粉'，这些品种都出生于20世纪，但登录或公开发表都在21世纪初。

1—'Minato-no-akebono'（'港の曙'） 2—'Minato-no-sakura'（'港の桜'）； 3—'Minato-no-haru'（'港の春'）；

图2-11 日本培育的部分束花茶花品种（图片来源：日本ツバキ協会编最新日本ツバキ図鑑）

1—'天山粉'（图片来源：许林）； 2—'垂枝粉玉'； 3—'俏佳人'； 4—'玫玉'； 5—'玫瑰春'； 6—'小粉玉'

图2-12 中国培育的部分束花茶花品种

2.2.2 21世纪的发展

21世纪开始至今，从作者的不完全统计来看，报道的束花茶花品种50余种，主要集中在美国、中国和澳大利亚等几个国家，其中，主要集中在美国的哈特伍德苗圃（Heartwood Nursery）、中国的上海植物园、澳大利亚的天堂植物苗圃（Paradise Plants Nursery）等苗圃或研究机构。

在美洲，美国一如既往地走在束花茶花育种的前列，至今报道的束花茶花品种20余个，主要来自哈特伍德苗圃和丹尼尔·查维特（Daniel Charvet），他们在2009年、2011年分别登录了约22个品种。

在大洋洲，澳大利亚和新西兰依然是领跑者，已报道束花茶花品种10余个。澳大利亚依然如20世纪一样，以机遇苗的选择为主，如'Alice Evelyn'、'Sister Camilla'均由'Snow Drop'种子苗选育而出（图2-13）。另外，Paradise Plants Nursery继续推出Paradise系列品种，分别在2009和2010年报道了'Paradise Sweetheart'和'Paradise Snowflake'两个品种（图2-13）。新西兰不断拓展新的杂交组合，采用云南连蕊茶（*C. tsaii*）做亲本，培育了'Good Fragrance'、'Fragrant Burgundy'等束花品种。

在中国，上海植物园的束花茶花育种及相关研究不断深入。上海植物园的茶花研究从植物园的前身龙华苗圃建立至今从未间断。龙华苗圃早在20世纪50年代建圃之初，就有黄德邻、徐林娣等老一辈园艺师从事茶花的栽培和育种工作。据知，20世纪50～60年代，龙华苗圃收集的茶花品种达70～80个，主要为来自云南、四川的滇茶和川茶。黄德邻等通过滇茶与山茶的杂交，获得了大量的茶花品种材料，并积累了丰富的资料。进入21世纪后，上海植物园结合国内外茶花研究现状及中国资源特色，逐渐形成了以"束花茶花种质创新"为特色的研究方向，形成了中国首个以束花茶花杂交育种、研究、应用为特色的团队。

2007年，在胡永红教授的指导下，上海植物园开始对前述的5个品种进行观察和评价，并于2009年在美国山茶协会登录，2012年、2013年获得国家林业局新品种保护，成为国内最早报道的束花茶花杂交品种。2009年开始，张亚利、李湘鹏等采用岳麓连蕊茶（*C. handelii*）、肖长尖连蕊茶（*C. subacutissima*）等中国原产的连蕊茶组资源进行不同组合的杂交育种，期望能培育出更多不同花型、花色或是芳香的束花茶花品种，至今，已培育出'上植华章'、'上植月光曲'、'上植欢乐颂'等束花茶花新品种。

在山茶属资源开发利用的时空之中，束花茶花这些精灵般的身影拥有了历史、科学、艺术的内涵，随同它们的培育者和应用者，活跃在不同时期，不同国别的土地上，生动而鲜活。

1— 'Sister Camilla'； 2— 'Paradise Sweetheart'； 3— 'Paradise Snowflake'；
4— 'Alice Evelyn'； 5— 'Wirlinga Star'； 6— 'Faerie Cups'

图2-13 21世纪培育的部分束花茶花品种（图片来源：http://camelliasaustralia.com.au/）

第3章 ○ 束花茶花育种种质资源

由前述章节可见，束花茶花育种的亲本资源主要集中在后生山茶亚属，目前用于育种的亲本资料主要是连蕊茶组中的尖连蕊茶（*C. cuspidata*）、毛花连蕊茶（*C. fraterna*）、琉球连蕊茶（*C. lutchuensis*）、毛蕊茶组的香港毛蕊茶（*C. assimilis*）等少数原种。结合束花茶花育种中簇生花、芳香、多季开花、花色等特性的需求，本章重点对连蕊茶组（*Camellia* Sect. *Theopsis* Cohen-Stuart）、毛蕊茶组（*Camellia* Sect. *Eriandria* Cohen-Stuart）、短柱茶组（*Camellia* Sect. *Paracamellia* Sealy）、金花茶组（*Camellia* Sect. *Chrysantha* H. T. Chang）等资源进行整理，根据《中国植物志》的描述，同时结合了FOC的修订，对部分原种进行了介绍，以期为束花茶花育种研究者及实践者提供更丰富的信息。

3.1 连蕊茶组

在目前已见报道的200多个束花茶花品种中，连蕊茶组（*Camellia* Sect. *Theopsis* Cohen-Stuart）的原种是应用最多的亲本，除了其具有多枚花蕾顶生和腋生的特性之外，芳香也是其重要的育种价值所在。

根据第1章中张宏达先生的分类系统和FOC的最新修订，本书将近年来作者收集引种及作为育种应用的部分连蕊茶组中的资源介绍如下：

3.1.1 黄杨叶连蕊茶*Camellia buxifolia* H. T. Chang（图3-1）

概述：FOC将本种并入川鄂连蕊茶*Camellia rosthorniana* Handel-Mazzetti

分布：模式标本采自四川峨眉山。产四川及湖北兴山（通常生长在林下或路边），海拔800～1200m。

主要特征：【株型】灌木，高1.5～3m。【枝条】嫩枝有披散柔毛。【叶】叶革质，卵形或椭圆形，长2～3cm，宽1～1.6cm，先端尖而有钝的尖头，基部阔楔形，上面深绿色，下面中脉基部有毛，侧脉约5对，上面陷下，下面不明显，边缘有疏锯齿，叶柄长1～1.5mm，略有短毛。【花】花顶生及腋生，花柄长2mm；苞片4片，萼片5片；花冠白色，长1cm；花瓣5片，最外2片近圆形，基部略相连生，内侧3片与雄蕊相连生约2mm，倒卵圆形；雄蕊长8～9mm，外轮花丝基部与花瓣连生；子房无毛，花柱长7～8mm，先端3浅裂。【果】蒴果梨形，长1cm，宽7～8mm，2～3室，种子1粒，果爿厚约1mm，果柄增厚，长5～6mm，有宿存苞片。【识别要点】黄杨叶连蕊茶与和川鄂连蕊茶（*C. rosthorniana*）较接近，后者叶片较长，花丝基部连合成短管，蒴果圆球形。

育种价值：具有树形紧凑似黄杨叶的叶片，多枚花蕾顶生和腋生，花清香等观赏性。

1—株型（修剪）； 2—花枝

图3-1 黄杨叶连蕊茶

3.1.2 贵州连蕊茶*Camellia costei* Lēveillē（图3-2）

分布：模式标本采自贵州。产广西、广东西部、湖北、湖南、贵州等省、自治区，通常生长在林下沟壑或山边，海拔500～1200m。

主要特征：【株型】灌木或小乔木，高达7m。【枝条】嫩枝有短柔毛。【叶】叶革质，卵状长圆形，先端渐尖或长尾状渐尖，基部阔楔形，长4～7cm，宽1.3～2.6cm，叶面干后深绿色，发亮，中脉有残留短毛，叶背浅绿色，边缘有钝锯齿，叶柄长2～4mm，有短柔毛。【花】花顶生及腋生，花柄长3～4mm，苞片4～5片，三角形，萼片5片，卵形，长1.5～2mm，先端有毛；花冠白色，长1.3～2cm，花瓣5片，基部3～5mm与雄蕊连生；子房无毛，花柱长10～17mm，先端极短3裂。花期1～2月。【果】蒴果圆球形，直径11～15mm，1室，有种子1粒，果爿薄，果柄长3～5mm，宿存萼片最长2mm。【识别要点】本种嫩枝有毛，花大小不一，花柄极短，萼片短小，长不过2.5mm，雄蕊有短花丝管、无毛，子房亦无毛。

育种价值：枝叶稠密，花朵精致。用于培育小花、密花，芳香品种。

1—株型；　2—枝条；　3—新叶（图片来源：朱鑫鑫）；　4—花（图片来源：朱鑫鑫）；　5—果（图片来源：朱鑫鑫）

图3-2　贵州连蕊茶

5

3.1.3 尖连蕊茶*Camellia cuspidata* (Kochs) Wright

1．尖连蕊茶（原变种）*Camellia cuspidata* var. *cuspidata*（图3-3）

概述：《中国高等植物图鉴》：尖连蕊茶、尖叶山茶；FOC：连蕊茶。

分布：模式标本采自四川巫山；产江西、广西、湖南、贵州、安徽、陕西、湖北、云南、广东、福建。

主要特征：【株型】灌木，高达3m。【叶】叶革质，卵状披针形或椭圆形，长5～8cm，宽1.5～2.5cm，先端渐尖至尾状渐尖，基部楔形或略圆，边缘密具细锯齿，叶柄长3～5mm。【花】花单独顶生，花柄长3mm；苞片3～4片，萼片5片，不等大；花冠白色，长2～2.4cm；花瓣6～7片，基部连生约2～3mm，并与雄蕊的花丝贴生；雄蕊比花瓣短，花柱长1.5～2cm，顶端3浅裂。花期4～7月。【果】蒴果圆球形，直径1.5cm，有宿存苞片和萼片，果皮薄，1室，种子1粒，圆球形。【识别要点】本变种的枝条无毛，花较大，萼杯状，长4～5mm，无毛，花瓣无毛，雄蕊无毛，花丝几乎完全离生，子房无毛。

育种价值：本种为首个用于束花茶花育种的连蕊茶组原种，细小精致的叶片、繁密的花朵是该种的重要育种价值。

2．大花尖连蕊茶（变种）*Camellia cuspidata* var. *grandiflora*（图3-4）

分布：模式标本采自湖南武冈云山。

主要特征：本变种和原变种的区别在于花柄长7mm，萼片长6mm，花长3.5~4cm。

3.1.4 长管连蕊茶*Camellia elongata*（Rehder et Wilson) Rehder（图3-5）

分布：模式标本采自四川峨眉山，分布在四川省南部峨眉山至贵州西部一带（通常生长在林下），海拔1000～1800m。

主要特征：【株型】灌木或小乔木，高达6m。【枝条】嫩枝纤细。【叶】叶披针形，革质，长4～8cm，宽1～1.8cm，先端尾状渐尖，尖尾长1～1.5cm，基部楔形，叶面干后灰褐色，边缘上半部有疏钝齿；叶柄长2～4mm。【花】花顶生及腋生，花柄长1cm；苞片4片，长1mm，2片位于花柄中部，2片与萼片贴近；花瓣5～7片，长1.5～2cm，白色，基部与雄蕊相连达1cm；子房无毛，花柱长1.7cm，先端3浅裂。花期10月。【果】蒴果椭圆形，长1.8～2cm，宽1.2～1.5cm，先端尖，1室，种子1粒，3爿裂开，果壳薄。

育种价值：披针形的叶片、玉兰型的花、红色的嫩叶、花期早及簇生花的特性，让该种在束花茶花育种中具备了很高的颜值和价值。

1—株型； 2—枝条（图片来源：陈炳华）； 3—花（图片来源：冯宝钧）； 4—花（图片来源：蒋虹）； 5—果（图片来源：朱鑫鑫）

图3-3 尖连蕊茶

1—叶片和花芽；　2—株型

图3-4　大花尖连蕊茶

1、2、3—株型、新叶及花（图片来源：李策宏）；　4—花枝

图3-5　长管连蕊茶

3.1.5 柃叶连蕊茶*Camellia euryoides* Lindley（图3-6）

分布：模式标本采自福建龙岩，分布于江西及广东、福建等省，海拔300～800m。

主要特征：【株型】灌木至小乔木，高达6m。【枝条】嫩枝纤细，有长丝毛。【叶】叶薄革质，椭圆形至卵状椭圆形，长2～4cm，宽7～14mm，先端略尖而有钝的尖头，基部楔形，叶面干后深绿色，有光泽，中脉有短毛，叶背有稀疏长丝毛，边缘有小锯齿，叶柄长1～2.5mm，有长丝毛。【花】花顶生及腋生，白色，花柄长7～10mm，上部扩大，无毛；苞片4～5片，半圆形至圆形，长0.7～1.5mm；萼片5片，长1.5mm，先端有微毛；花冠长2cm，白色，花瓣5片，外侧2片倒卵形，长1cm，内侧3片，卵形，先端凹入或平截；雄蕊长1.4cm，花丝管长为花丝的2/3；子房无毛，花柱长1.5～1.9cm，先端3浅裂，裂片长1mm。花期1～3月。【果】蒴果圆形，直径8～10mm，3室。

育种价值：叶片优美、光亮，花稠密，枝条略下垂。用于培育小花、密花品种。

1—株型；　2—花蕾（图片来源：陈炳华）；　3—花（图片来源：陈炳华）；　4—花枝

图3-6　柃叶连蕊茶

1—株型；　2—枝条；　3、4、5—花

图3-7　蒙自连蕊茶（图片来源：朱鑫鑫）

3.1.6　蒙自连蕊茶*Camellia forrestii* (Diels) Cohen-Stuart（图3-7）

蒙自连蕊茶（原变种）*Camellia forrestii* var. *forrestii*

概述：FOC：云南连蕊茶。

分布：模式标本采自云南楚雄。分布于云南西部和南部，海拔1200～1500m。

主要特征:【株型】灌木或小乔木，高可达5m。【枝条】嫩枝密生柔毛。【叶】叶椭圆形或卵状椭圆形，长2～3.5cm，宽1～2.3cm，先端略尖，基部阔楔形或略圆，叶面干后深绿色，有光泽，沿中脉有残留短毛，边缘有小锯齿，叶柄长2～4mm，有柔毛。【花】花顶生或腋生，单花或有时成对，白色，花柄长2～5mm；苞片2～3片；萼片5片，不等大；花冠长11～18mm，花瓣5～6片，不等长，基部3～4mm与雄蕊连合；雄蕊长9～12mm，外轮雄蕊基部下2～3mm相连生；子房无毛，花柱长8～12mm，先端3裂，长2.5～5mm。花期1～2月。【果】果实圆球形，直径1.5cm，有宿存苞片及萼片，1室，有种子1粒。

育种价值：短小的卵状椭圆形叶片、花期早等是该种的重要育种价值。

3.1.7 毛花连蕊茶*Camellia fraterna* Hance（图3-8）

概述:《中国高等植物图鉴》：毛柄连蕊茶、连蕊茶。FOC：毛花连蕊茶。

分布：模式标本采自福建福州。产浙江、江西、江苏、安徽、福建。

主要特征:【株型】灌木或小乔木，高1～5m。【枝条】嫩枝密生柔毛或长丝毛。【叶】叶革质，椭圆形，长4～8cm，宽1.5～3.5cm，先端渐尖而有钝尖头，基部阔楔形，叶面干后深绿色，发亮，侧脉5～6对，边缘有钝锯齿，叶柄长3～5mm，有柔毛。【花】花常单生于枝顶，花柄长3～4mm，苞片4～5片，被毛；萼片5片，有褐色长丝毛；花冠白色，长2～2.5cm，基部与雄蕊连生达5mm，花瓣5～6片，外侧2片革质，有丝毛；雄蕊长1.5～2cm，花丝管长为雄蕊的2/3；子房无毛，花柱长1.4～1.8cm，先端3浅裂，裂片长仅1～2mm。花期4～5月。【果】蒴果圆球形，直径1.5cm，1室，种子1个，果壳薄革质。【识别要点】本种的嫩枝多褐毛，花萼有长丝毛，常超出萼尖，花瓣有白毛，雄蕊无毛，有长的花丝管，子房无毛，易于识别。

育种价值：本种至今依然是束花茶花育种的重要资源，具有结实量大、多枚花蕾顶生和腋生、芳香等育种价值。

3.1.8 岳麓连蕊茶*Camellia handelii* Sealy（图3-9）

概述：FOC将本种并入毛萼连蕊茶*Camellia transarisanensis*（Hayata）Cohen-Stuart

分布：模式标本采自湖南岳麓山。产我国江西吉安、贵州遵义及广西、湖南，通常在林下沟谷或溪边生长，海拔70～300m。

主要特征:【株型】灌木，高1.5m。【枝条】多分枝，嫩枝多柔毛。【叶】叶薄革质，长卵形或椭圆形，长2～4cm，宽1～1.5cm，先端渐尖而有钝的尖头，基部楔形，叶面深绿色，沿中脉有短毛，下面浅绿色，中脉有长毛；边缘有尖锯齿，叶柄长2～4mm，有短粗毛。【花】花顶生及腋生，花柄长2～4mm；苞片5片，有灰长毛；萼片5片，密生灰毛；花冠白色，长1.5～2cm，花瓣5～6片，基部与雄蕊相连约4mm，近先端有毛；雄蕊长11～13mm，花丝管为雄蕊的1/3～1/2；子房无毛，花柱长1.2cm，先端3裂，裂片长3mm。【果】果实有宿存苞片及萼片，果柄长4～5mm；蒴果圆球

1—株型；　2—花枝；　3—花

图3-8　毛花连蕊茶

1—生境； 2—花枝

图3-9 岳麓连蕊茶

形，宽1.2cm，长1.1cm，2~3爿裂开，果皮厚0.5mm。【识别要点】本种很接近阿里山连蕊茶（*C. transarisanensis*），只是花柄略长，苞片5片。

育种价值：精致稠密的长卵形小叶片、多枚花蕾顶生和腋生、花芳香是其主要育种价值。

3.1.9 荔波连蕊茶 *Camellia lipoensis* H. T. Chang et Z. R. Xu（图3-10）

概述：FOC修订为川鄂连蕊茶（*Camellia rosthorniana* Handel-Mazzetti）

分布：模式标本采自贵州荔波县的石灰岩山地。

主要特征：【株型】灌木至小乔木，高4m。【枝条】嫩枝略被柔毛。【叶】叶革质，长卵形，长2~3.2cm，宽1~ 1.6cm，先端长尾状，基部近圆形，叶面干后深绿色，叶背在中脉上有微毛，其余无毛，侧脉不明显；边缘在中部以上有细锯齿，齿距2~3mm；叶柄长1~1.5mm，多少有微毛。【花】花白色，顶生及腋生，直径2cm，花柄长2mm；苞片4，阔卵形，长

1mm，有睫毛；萼片5，连成杯状，长2mm；花瓣7，阔倒卵形，长7~13mm，基部略连生，边缘有睫毛，雄蕊长4~8mm，着生于花瓣基部，花丝离生，花药长1mm；子房2~3室，无毛；花柱长5~10mm，无毛，先端2裂或3裂。【识别要点】本种和四川产的黄杨叶连蕊茶*C. buxifolia* H. T. Chang较接近，但叶为长卵形，基部圆形，萼片连成杯状，花瓣7片。

育种价值：该种花小、叶小，是培育小花、密花品种的好材料。

3.1.10　琉球连蕊茶*Camellia lutchuensis* Itō（图3-11）

概述：闵天禄教授（2000年）将南投秃连蕊茶（台湾秃连蕊茶）（*C. transnokoensis*）合并到微花连蕊茶（*C. minutiflora*），并将微花连蕊茶降级转移到琉球连蕊茶的变种中，改"琉球连蕊茶"中文名为"台湾连蕊茶"。

分布：分布于日本琉球群岛，海拔0～500m。

主要特征：【株型】灌木，高可达2～3m。【枝条】嫩枝被长柔毛，可宿存2～3年，老枝光滑，浅灰褐色。【叶】叶椭圆形至长圆形，先端钝急尖，基部楔形到圆形，长2.2～4cm，宽1～1.8cm，薄革质，叶面光滑，中脉略凸起并被短柔毛，叶背中脉略凸起并被长柔毛，边缘有钝齿，齿内弯。叶柄长1.5～2.5mm，被短柔毛。【花】花白色，有时外轮花瓣带花斑。甜芳香，花径约3cm，多花顶生及腋生，花芽稠密。苞片和萼片宿存，苞片约8枚。花瓣5～6枚，外面2～3枚近革质，近圆形，长5～7mm，内面3～4枚花瓣状，长10～11mm，宽12～9mm，倒卵形，先端有缺刻；雄蕊长10～11mm，外轮花丝基部连合成5～6mm的肉质花丝管；子房无毛，花柱长11.5mm，先端3裂。花期冬季中期至春初。【果】蒴果近球形，直径8～9mm，1室1种子，果皮厚1mm。

育种价值：本种是目前束花茶花育种中的重要资源之一，浓郁的芳香、束花的特性等以及在抗花腐病方面的特色，让其成为优秀的束花茶花育种资源。

3.1.11　微花连蕊茶*Camellia minutiflora* H. T. Chang（图3-12）

概述：FOC修订为*Camellia lutchuensis* var. *minutiflora*（H. T. Chang）T. L. Ming

分布：模式标本采自香港八仙岭，海拔350～500m的疏林中。分布于中国江西省、广东省及香港特区，通常生长在林下或沟壑，海拔350～500m。

主要特征：【株型】灌木。【枝条】嫩枝有微毛，干时暗褐色。【叶】叶长圆形或披针形，长2～3.5cm，宽6～9mm，先端钝或略尖，基部楔形，边缘有锯齿，叶柄长1～2mm。【花】花白色，花瓣背面有红色斑块，1～2朵腋生，细小，花柄长1～2mm；苞片4～5片，萼片5；花瓣5～6片，倒卵形，长6～8mm，宽4～6mm，先端凹入；雄蕊长5～7mm，近离生；子房无毛，花柱长5～7mm，先端3浅裂。【果】蒴果多为球形，先端有小喙。【识别要点】在离生雄蕊这个系里，本种具有最小的叶片和花朵。它可能和蒙自连蕊茶（*C. forrestii*）较接近，后者叶为椭圆形，花的各部分都较大，在外貌上看，本种接近柃叶连蕊茶（*C. euryoides*），后者叶片较尖，雄蕊基部连生，花柄长达1cm。

图3-10 荔波连蕊茶

图3-11 琉球连蕊茶

1—株型； 2—花蕾； 3—花； 4—果

图3-12 微花连蕊茶

育种价值：枝条垂软，叶片精致，嫩叶红色；粉红色的花蕾、多花枝顶腋生和腋生的特性使其在育种中具有培育色叶、垂枝品种等优势。

3.1.12 玫瑰连蕊茶*Camellia rosaeflora* Hooker（图3-13）

概述：FOC认为本种是园艺品种，故没有收录。

分布：分布于四川、浙江、江苏和湖北等省。

主要特征：【株型】灌木。【叶】叶薄革质，椭圆形，长4～8cm，宽2～2.5cm，先端尖而有钝头，基部阔楔形，叶面深绿色，发亮，边缘有细钝齿，叶柄长6～10mm，有柔毛。【花】花顶生或近枝顶腋生，花柄长4～6mm；苞片6～8片，萼片5～6片，背面有毛；花冠长2～2.4cm，直径约3.5cm，玫瑰红色，花瓣6～9片，基部与花丝连生约6mm，外侧花瓣近圆形，有毛，其余阔倒卵形，无毛；雄蕊长1.7cm，花丝管与游离花丝等长；子房无毛，花柱长1.6cm，先端3裂。

育种价值：本种为连蕊茶组为数不多的花为红色系的资源，在培育不同花色等方面具有重要价值。

3.1.13 毛枝连蕊茶*Camellia trichoclada*（Rehder）S. S. Chien（图3-14）

分布：模式标本采自浙江泰顺南雁荡山，亦见于福建永泰，通常生长在林下或灌丛中，海拔200～800m。

主要特征：【株型】灌木，高1m。【枝条】多分枝，嫩枝被长粗毛。【叶】叶革质，排成两列，细小椭圆形，长1~2.4cm，宽6~13mm，先端略尖或钝，基部圆形，有时为微心形，叶面干后深绿色，发亮，中脉有残留短毛，叶背黄褐色，边缘密生小锯齿，叶柄长约1mm，有粗毛。【花】花白色或带粉红色，枝顶腋生及腋生，径约2cm，花柄长2~4mm，无毛；苞片3~4片，阔卵形，长0.5~1mm；萼浅杯状，萼片5片，阔卵形，先端圆，长1~2mm；花瓣5~6枚，倒卵形或倒卵状椭圆形，基部连生；雄蕊长10~12mm，外轮花丝下半部合生；子房无毛，花柱与雄蕊等长。【果】蒴果圆形，直径9~10mm，1室，种子1个，2爿裂开，果爿薄。

育种价值：除了束花特性之外，该种细小椭圆形叶片是其育种的重要价值之一。

图3-13 玫瑰连蕊茶（图片来源：高继银、韩保同）

1、2—花枝及花（图片来源：朱志宏）； 3、4—叶片（图片来源：蒋虹）

图3-14 毛枝连蕊茶

3.2 毛蕊茶组

毛蕊茶组（*Camellia* Sect. *Eriandria* Cohen-Stuart）和连蕊茶组一样，有着独特的叶片和花朵，具有多枚花蕾顶生和腋生的特性，最明显的区别在于其子房有毛及花丝常被毛。目前，仅见香港毛蕊茶（*C. assimilis*）培育的'Juncal'等报道，但从形态学上看，该组中的原种具有很大的园林应用价值和育种价值。

3.2.1 长尾毛蕊茶*Camellia caudata* Wallich（图3-15）

概述：《中国高等植物图鉴》：长尾毛蕊茶、尾叶山茶。

分布：模式标本采自喜马拉雅南坡Khasia山。分布于中国广东、广西、海南、台湾及浙江，以及越南、缅甸、印度、不丹及尼泊尔等国，海拔200～1200m。

主要特征：【株型】灌木至小乔木，高达7m。【枝条】嫩枝纤细，密被灰色柔毛。【叶】叶革质或薄质，长圆形或披针形，长5～9cm，有时长达12cm，宽1～2cm，有时狭于1cm，或宽达3.5cm，先端尾状渐尖，尾长1～2cm，基部楔形，叶面干后深绿色，中脉有短毛，叶背多少有稀疏长丝毛，侧脉6～9对，在叶正背两面均能见，边缘有细锯齿，叶柄长2～4mm，有柔毛或茸毛。【花】花腋生及顶生，花柄长3～4mm，有短柔毛；苞片3～5片，分散在花柄上，有毛，宿存；萼片5片，有毛，宿存；花瓣5，长10～14mm，外侧有灰色短柔毛，最外1～2片稍呈革质，内侧3～4片倒卵形；雄蕊长10～13mm，花丝管长6～8mm，分离花丝有灰色长茸毛，内轮离生雄蕊的花丝有毛；子房有茸毛，花柱长8～13mm，有灰毛，先端3浅裂。花期10月至翌年3月。【果】蒴果圆球形，直径1.2～1.5cm，果爿薄，被毛，有宿存苞片及萼片，1室，种子1粒。【识别要点】本种的叶片变化很大，有的为狭披针形，宽不过1cm，有的为宽达3.5cm的椭圆形；通常生密林里，为薄革质或膜质，侧脉明显；亦有生于阳坡上，叶为厚革质，发亮，具黄色绢毛，叶脉不明显。花的形态较为一致，只有大小之分，但萼片的排列则稍有变化。

育种价值：用于培育小花、密花和独特叶形的品种。

1、2—枝与花（图片来源：金宁）；　3、4、5—花及果（图片来源：曾云保）

图3-15　长尾毛蕊茶

3.2.2 心叶毛蕊茶*Camellia cordifolia*（Metcalf）Nakai（图3-16）

概述：《中国高等植物图鉴》：心叶毛蕊茶、野山茶。

分布：模式标本采自广东乳源半岭仔。产广东、广西、贵州、湖南、江西及台湾，海拔300～700m。

主要特征：【株型】灌木至小乔木，高1～6m。【枝条】嫩枝有披散长粗毛。【叶】叶革质，长圆状披针形或长卵形，长6～10cm，宽1.5～3cm，先端渐尖或尾状渐尖，尖尾长1～2cm，基部圆形，有时微心形，叶面干后黄绿色，稍发亮，中脉有残留短毛，叶背有稀疏褐色长毛，中脉上毛较密，侧脉6～7对，在两面均隐约可见，边缘有细锯齿；叶柄长2～4mm，有披散粗毛。【花】花腋生及顶生，单生或成对，花柄长2～3mm，有毛；苞片4～5片，萼片5片，背面均有毛；花冠白色，花瓣5片，外侧1～2片几完全分离，近圆形，长7～9mm，雄蕊长15mm，花丝管长12mm，离生花丝有灰毛；子房和花柱有毛，花柱长8～12mm，先端3浅裂。花期10～12月。【果】蒴果近球形，长1.4cm，宽1cm，2～3室，每室有种子1粒，种子球形，径8～10mm，果爿厚2mm。

【识别要点】本种的嫩枝被毛，叶厚革质，披针形，基部浅心形或截形，背面仅有稀疏长毛。苞片4～5片，萼片5，半圆形或圆形，有毛，花瓣5，有毛，先端圆。此外还有具有尖萼，花瓣7片，先端尖的标本。台湾的标本则具有薄膜质的叶。

育种价值：叶片基部呈心形，用于培育小花、密花和独特叶形的品种。

3.2.3 广东毛蕊茶*Camellia melliana* Handel-Mazzetti（图3-17）

分布：模式标本采自广东龙门与增城之间的从化三角山。分布于广东省连平、龙门、从化、增城一带，海拔450～700m。

主要特征：【株型】灌木。【枝条】多分枝，嫩枝有褐色茸毛。【叶】叶长圆状披针形，薄革质，长3～5cm，宽1～1.3cm，先端渐尖，尖头钝，基部圆形，叶面干后深橄榄绿色，略有光泽，中脉多少有毛，叶背黄褐色，被长丝毛，表皮有小瘤状突起，边缘密生细锯齿，叶柄长1～2mm，有茸毛。【花】花生枝顶叶腋，常与营养枝的芽体同时开放，花柄长2mm，有茸毛；苞片4片，有长丝毛；萼片5片，背面多长茸毛；花冠白色，长约12mm；花瓣5～6片，基部3mm与雄蕊连生，最外侧2～3片，几乎完全离生，近圆形，先端略尖，长6～7mm，近革质，背面有长茸毛，内侧3片倒卵形，先端尖或圆，有毛；雄蕊长约1cm，游离花丝有毛；子房有长丝毛，花柱长9mm，有茸毛，先端3浅裂，裂片长1mm，无毛。【果】蒴果近球形，长1～1.2cm，宽9～10mm，先端有小尖突，基部有宿存萼片，被贴生长丝毛，或近于秃净，1室，种子1粒。【识别要点】本种的枝、叶及花和果各部分都被毛，与心叶毛蕊茶（*C. cordifolia*）很接近，只是叶片较短小，花及果实亦较小。

育种价值：树体矮小，多为灌木。用于培育小花、密花和小叶的品种。

1—叶片（图片来源：曾云保）；　2—花蕾；　3、4—花

图3-16　心叶毛蕊茶

1—成熟叶片（图片来源：曾云保）；　2、3—花蕾及花（图片来源：徐晔春）；　4—果

图3-17　广东毛蕊茶

3.2.4 毛药山茶*Camellia renshanxiangiae* C. X. Ye et X. Q. Zheng（图3-18）

分布：模式标本采自广东阳山。分布于广东省阳山石灰岩山地，海拔200～500m。

主要特征：【株型】灌木，高约3m。【枝条】枝纤细，嫩枝灰褐色，有柔毛。【叶】叶薄革质，长圆形或卵形到狭卵形，长2.7～7.5cm，宽1.3～3cm，先端长尾尖，基部圆形到宽楔形，边缘具细锯齿；叶面干后深绿色，中脉有毛，叶背浅绿色，有疏柔毛，中脉突出有密毛，叶柄长2～3mm，有柔毛。【花】花白色，芳香，3～8朵簇生于叶腋；花梗长1.5mm，有短微毛；小苞片6枚，宿存；萼片5，不等大，边缘干膜质；花冠白色，基部连合成长1mm的短管，贴生于雄蕊管，花瓣5～7枚，最外面1枚贝壳状，凹形，带绿色，其余花瓣倒卵形到宽卵形，长9～15mm，宽6～9mm；子房有毛，花柱长11～17mm，先端3裂，裂片长6mm。花期2～3月。【果】蒴果圆球形，径1.2～1.4cm，有疏微柔毛，1室或有时2室，3爿开裂或不规则2裂，果皮厚1mm；种子每室1粒，球形或半球形，宽1～1.2cm，种皮栗褐色或熟时黑色，种皮光滑无毛；果柄长3mm，果成熟期为10月。【识别要点】本种花芳香，3～8朵簇生，花瓣几分离，雄蕊连生过半；最为特别的是花药有毛，花量多，花芳香，有栽培观赏价值。

育种价值：用于培育小花、密花、芳香等特色的品种。

3.2.5 柳叶毛蕊茶*Camellia salicifolia* Champion ex Bentham（图3-19）

概述：《中国高等植物图鉴》：柳叶毛蕊茶、柳叶山茶。

分布：模式标本采自香港。产广东、江西、湖南、台湾、福建及广西。

主要特征：【株型】灌木至小乔木。【枝条】嫩枝纤细，密生长丝毛。【叶】叶薄纸质，披针形，长6～10cm，宽1.4～2.5cm，有时更长，先端尾状渐尖，基部圆形，叶面干后带褐色，无光泽，沿中脉有柔毛，叶背有长丝毛，侧脉6～8对，在叶正背两面均能见，边缘密生细锯齿，叶柄长1～3mm，密生茸毛。【花】花顶生及腋生，花柄长3～4mm，被长丝毛；苞片4～5片，披针形，长4～10mm，有长毛，宿存；萼片5片，不等长，线状披针形，长7～15mm，宿存，密生长丝毛。花冠白色，长1.5～2cm；花瓣5～6片，基部与雄蕊连生约2mm，倒卵形，最外1～2片革质，背面有长毛，内侧花瓣有长丝毛；雄蕊长10～15mm，花丝管长为雄蕊的2/3，分离花丝有长毛；子房有长丝毛，花柱有毛，先端3浅裂。花期8～11月。【果】蒴果圆球形或卵圆形，长1.5～2.2cm，宽1.5cm，1室，种子1粒，果爿薄。【识别要点】本种的叶披针形，多长毛，苞片及萼片狭长披针形，花瓣及花丝均被毛，子房和花柱亦有毛，易于识别。在缺乏花及果实时，容易和心叶毛蕊茶［*C. cordifolia*（Metcalf）Nakai］混淆，但心叶毛蕊茶的叶片革质，毛被较稀少，基部常较宽，微呈心形。

育种价值：用于培育小花、密花和独特叶形的品种。

1—花芽； 2—花（图片来源：叶创兴）

图3-18 毛药山茶

1—叶（图片来源：徐晔春）； 2—花蕾； 3—花（图片来源：陈炳华）； 4—花（图片来源：龚理）；
5、6—果

图3-19 柳叶毛蕊茶

3.3 短柱茶组

短柱茶组（*Camellia* Sect. *Paracamellia* Sealy）有16种，我国有13种。花多为白色，花朵较小、稠密，且大部分种类具芳香，花柱短，子房被毛，蒴果较小，叶片小，植株多为灌木，是培育香花、早花的束花茶花品种的优良种质资源。

3.3.1 短柱茶*Camellia brevistyla*（Hayata) Cohen-Stuart.（图3-20）

概述：FOC：短柱油茶。

分布：模式标本采自台湾中央山脉Morrison山，中海拔山地。产福建、广东、广西、浙江、安徽、江西等省、自治区以及台湾地区的中海拔山地，海拔200～800m。

主要特征：【株型】灌木或小乔木，高达8m。【枝条】嫩枝有柔毛，老枝灰褐色，有时红褐色。【叶】叶革质，狭椭圆形，长3～4.5cm，宽1.5～2.2cm，先端略尖，基部阔楔形，叶面深绿色，稍发亮，中脉有柔毛，边缘有钝锯齿，叶柄长5～6mm，有短粗毛。【花】花白色，顶生或腋生，花柄极短；苞被片6～7片，阔卵形，长2～7mm，背面略有灰白柔毛；花瓣5片，阔倒卵形，长1～1.6cm，宽6～12mm，最外1片背面略有毛，基部与雄蕊连生约2mm；雄蕊长5～9mm，下半部连合成短管；子房有长粗毛，花柱长1.5～5mm，完全分裂为3条。花期10月。【果】蒴果圆球形，直径1cm，有种子1粒。

育种价值：该种精致的叶片、繁密的花朵是其育种的重要价值。

3.3.2 红花短柱茶*Camellia brevistyla* form. *rubida* P. L. Chiu（图3-21）

概述：这是短柱茶（*Camellia brevistyla*）在自然界中发生的一个开红花的变异类型。原产地自然分布不是连片生长，有时同一植株上有红色花也有白色花。

分布：分布于浙江省龙泉市一带的山区，海拔400～500m。

1—花（图片来源：吴棣飞）； 2—花（图片来源：谢文远）； 3、4—果（图片来源：朱鑫鑫）

图3-20 短柱茶

1—花（图片来源：吴棣飞）； 2—花（图片来源：蒋虹）

图3-21 红花短柱茶

主要特征：【株型】灌木，高达5m。【叶】叶椭圆形，长2.5～3.5cm，宽1～2cm，叶柄长2～3mm。【花】花淡红色至红色，略有甜芳香，花径1～3cm，单朵顶生或腋生，花芽多；花瓣8～9枚，长1.2～2cm，宽0.6～1cm，长圆形，先端圆，花期秋季。【果】蒴果球形，直径0.5～1cm，每果1粒种子。【识别要点】与粉红短柱茶（*Camellia puniceiflora*）很容易区别，粉红短柱茶的叶片要大，花径也大，花色为淡粉红色。

育种价值：本变型的花朵虽然很小，却非常秀气。用于培育早花、密花的品种。

1—株型； 2、3—花； 4—果

图3-22 闽鄂山茶

3.3.3 闽鄂山茶*Camellia grijsii* Hance（图3-22）

概述：《中国高等植物图鉴》：长瓣短柱茶，闽鄂山茶；FOC：长瓣短柱茶

分布：模式标本采自福建。产福建、四川巫溪、江西黎川、湖北及广西北部的山地或丘陵地区，海拔200～500m。

主要特征：【株型】灌木或小乔木。【枝条】嫩枝较纤细，有短柔毛。【叶】叶革质，长圆形，长6～9cm，宽2.5～3.7cm，先端渐尖或尾状渐尖，基部阔楔形或略圆，叶面干后橄榄绿色，有光泽，叶背中脉有稀疏长毛，侧脉6～7对，在叶面略陷下，在叶背突起，边缘有尖锐锯齿，叶柄长5～8mm，有柔毛。【花】花顶生，白色，直径4～5cm，花梗极短；苞被片9～10片，半圆形至近圆形，革质，无毛，花开后脱落；花瓣5～6片，倒卵形，长2～2.5cm，宽1.2～2cm，先端凹入，基部与雄蕊连生约2～5mm；雄蕊长7～8mm，基部连合；子房有黄色长粗毛；花柱长3～4mm，先端3浅裂。花期1～3月。【果】蒴果球形，直径2～2.5cm，1～3室，果皮厚1mm。【识别要点】本种过去只见于福建及湖北，最近见到桂北的标本（龙胜，钟济新91074），和原种记载基本一致，只是嫩枝的毛稍密，花丝连合不过半，花柱仅在先端3浅裂。

育种价值：用于培育密花、芳香品种。

3.3.4 钝叶短柱茶*Camellia obtusifolia* H. T. Chang（图3-23）

概述：FOC将其并入短柱茶*Camellia brevistyla*。

分布：模式标本采自福建福清Sai Toi Tsuen。产广东乳源、福建、江西黎川、并入闽鄂山浙江龙泉，海拔200～800m。

主要特征：【株型】灌木或小乔木，高4m。【枝条】嫩枝有粗毛，老枝秃净。【叶】叶阔椭圆形或近圆形，长3.5～5cm，宽2.5～3cm，先端钝或近于圆，基部钝或略圆，叶面深绿色，发亮，中脉有短柔毛，侧脉约6对，边缘有细锯齿，叶柄长3～4mm，有柔毛。【花】花顶生，常2朵并生，白色，无柄；苞被片10片，半月圆形至倒卵形，长2～8mm；花瓣7(5)片，倒卵形，长1～1.2cm，宽7～9mm，基部几乎完全离生，雄蕊长1cm，2轮，外轮基部1/3连生；子房有长粗毛，花柱3条，长7～8mm。花期10月。【果】蒴果圆球形，直径1.5～2cm，3室或1室，每室有种子1粒，3爿裂开，果爿薄，厚不过1mm。【识别要点】本种近似短柱茶*C. brevistyla*，但叶阔椭圆形，两端钝，花2朵顶生，苞片及萼片10片，花瓣7片，长1～1.2cm，先端圆，雄蕊长约1cm，基部相连生，花柱3条，长7mm。

育种价值：花小、量大，有麝香味的芳香。用于培育小花、密花、芳香的品种。

3.3.5 粉红短柱茶*Camellia puniceiflora* H. T. Chang（图3-24）

概述：FOC并入短柱茶*Camellia brevistyla*。

分布：模式标本采自浙江龙泉锦旗溪边。产浙江天目山、龙泉市、运河县、泰顺县以及湖南省平江县，海拔250～700m。杭州植物园有栽培。

主要特征：【株型】灌木或小乔木，高2m。【枝条】嫩枝无毛。【叶】叶革质，椭圆形，长3～4cm，宽2～2.5cm，先端钝或略尖，基部阔楔形，叶面干后极光亮，侧脉5～6对，边缘有锯齿，叶柄长3～4mm，有毛。【花】花粉红色，直径5cm，近无柄；苞被片7～8片，最长1cm，卵圆形，背面略有毛；花瓣5～7片，倒卵形，长3cm，基部稍连生，先端2浅裂；雄蕊长1～1.3cm，离生；子房有毛，3室，花柱3条，长5～7mm。花期11月。【果】蒴果球形，1室，果皮厚3～4mm。

育种价值：该种精致的叶片、繁密的花朵是其育种的重要价值。

3.3.6 攸县油茶*Camellia yuhsienensis* X. S. Hu（图3-25）

概述：张宏达教授（1984年）将本种并入闽鄂山茶（*C. grijsii*）。闵天禄教授（2000年）教授亦作如是合并。

分布：在湖南省攸县、安仁、桂阳、郴州、衡阳、湘潭，江西黎川，湖北恩施、来风、宜昌，广东省乐昌，陕西汉中和安康等地的山地或低丘有自然分布，海拔100～1300m。

1—花（图片来源：蒋虹）； 2—果（图片来源：吴棣飞）

图3-23 钝叶短柱茶

图3-24 粉红短柱茶（图片来源：蒋虹）

1—株型； 2—花

图3-25 攸县油茶

主要特征：【株型】灌木或小乔木，高可达3m，树皮光滑，暗灰色。【枝条】嫩枝无毛或被稀疏柔毛。【叶】叶片略下垂，卵圆形到阔椭圆形，长5.4～11.5cm，宽2.5～5.7cm，先端急尖或渐尖，基部通常为圆形；叶面中脉被绒毛或无毛，脉纹凹陷呈网状，叶背中脉脉纹突起，具泛红色腺点。叶柄长8～11mm。【花】花白色，很芳香，顶生或腋生，花芽多，花径6.5～9.5cm，花瓣7～11枚，长3.5～5.3cm，宽2.9～3.9cm，倒卵形至倒心形，先端有7～12mm凹口；苞片8～11枚，随开花逐渐脱落，外面先端被长柔毛；花柱3裂，子房被绒毛。花期冬初至春季。【果】蒴果卵圆形，长1.8～2.4cm，直径1.6～2.4cm，成熟前绒毛大部分脱落，表面呈糠秕状，绿色至棕黄色，3～4室，每室有几粒种子，果皮很薄。【识别要点】根据胡先骕先生的描述和作者团队的观测，本原种与闽鄂山茶的主要区别是花、叶、果都较大。

育种价值：开花繁密，芳香扑鼻，用于培育密花、芳香品种。

3.4 金花茶组

1960年，中国科学工作者在广西防城一带发现了一种金黄色的山茶花，将其命名为金花茶（*C. nitidisima*）。由于黄色在山茶花色中极为罕见，国外称之为神奇的东方魔茶，被誉为"植物界大熊猫"、"茶族皇后"。黄色茶花育种一直以来都是茶花育种领域中的一个重要组成部分，培育出黄色茶花成为园林工作者和育种者追求的热点。束花茶花中的黄色花培育也不例外，因此，此处介绍了几种金花茶资源，以期推进黄色系束花茶花的育种。

目前我国金花茶组（*Camellia* Sect. *Chrysantha* H. T. Chang）原种约30多种，再加上近年来在越南发现的金花茶原生种，数量已达40多种，集中分布于广西南部和越南，以南宁及龙州为中心。越南北部有4种，2种特有。花朵黄色是其最为明显的识别特征。

在束花茶花的育种中，金花茶组花色黄色、多枚花蕾簇生、叶型独特等观赏特性是其重要的育种价值。

3.4.1 库克芳金花茶*Camellia cucphuongensis* Ninh et Rosmann（图3-26）

分布：越南北部永平省的热带低地雨林（在河内向南大约100km处的Cuc Phuong森林中有发现）。

主要特征：【株型】小乔木，高可达6m。【枝条】老枝光滑，暗褐色。【叶】叶椭圆形或长圆形，先端渐尖，基部圆形，长6～12cm，宽2.7～4.5cm，边缘具细齿，纸质或薄革质，叶面有光泽，浓绿色。叶柄长2.5mm，被柔毛。【花】花黄色，顶生，直径4.5～5cm。苞片5～6枚，萼片8～9枚，被短柔毛。花瓣13～15枚，倒卵形，先端圆，花柱5条，基部离生，子房被绒毛。花期冬季至春季。【识别要点】本原种的花瓣数和形状、子房被柔毛以及每室种子数的形态特征完全不同于黄花茶（*C. flava*）。

育种价值：本种株型优美，花黄色且花瓣数量较多，在株型、叶型及花色育种上具有重要价值。

3.4.2 凹脉金花茶*Camellia impressinervis* H. T. Chang et S. Y. Liang（图3-27）

分布：模式标本采自广西龙州的石灰岩山地常绿林。分布于广西壮族自治区南部龙州县一带（生长在石灰岩山地的常绿林中），海拔100～450m。

主要特征：【株型】灌木，高3m。【枝条】嫩枝有短粗毛，老枝变秃。【叶】叶革质，椭圆形，长12～22cm，宽5.5～8.5cm，先端急尖，基部阔楔形或窄而圆，叶面深绿色，有光泽，叶背黄褐色，被柔毛，有黑腺点，侧脉10～14对，与中脉在叶面凹下，在叶背强烈突起，边缘有细锯齿，叶柄长1cm，叶面有沟，叶背有毛。【花】花黄色，1～2朵腋生，苞片5片，新月形，散生于花柄上，宿存；萼片5，半圆形至圆形，宿存，花瓣12片。雄蕊近离生，长约

1—株型； 2、3—成熟叶片及新叶； 4、5—花

图3-26 库克芳金花茶

2cm，外轮花丝基部连生约5mm；子房3室，花柱3条离生，长2～2.3cm。花柄粗大，长6～7mm；花期1月。【果】蒴果扁球形，2～3室，或室间凹入成沟状2～3条，三角扁球形或哑铃形，高1.8cm，宽3cm，每室有种子1～2粒，果爿厚1～1.5mm，有宿存苞片及萼片；种子球形，宽1.5cm。【识别要点】本种和金花茶（*C. nitidissima*）接近，但嫩枝有毛，叶阔椭圆形，宽达8.5cm，叶背有毛，侧脉及网脉强烈凹下，侧脉多达14对，花瓣12片，果爿较薄，厚1～1.5mm，种子每室1～2个。

育种价值：本种叶的主脉及侧脉明显凹陷，因漂亮的叶片和较大的黄花，用于培育观叶及黄色花的品种。

1—叶； 2—花蕾； 3—花

图3-27 凹脉金花茶

3.4.3 龙州金花茶*Camellia lungzhouensis* J. Y. Luo（图3-28）

分布：模式标本采自广西龙州的石灰岩山地。分布于广西壮族自治区南部龙州县境内，常生长在石灰岩山地的森林中，海拔200～550m。

主要特征：【株型】常绿灌木，高2～4m，树皮灰褐色。【芽】顶芽长1.5～2.5cm，有芽鳞6～10片，被银色柔毛。【叶】叶革质，长椭圆形，长7.5～19cm，宽3.5～6cm，先端急尖，基部楔形或阔楔形，叶面深绿色，叶背有散生黑腺点，侧脉9～13对，在叶面下陷，边缘有细锯齿，齿尖有黑腺点；叶柄长1～1.2cm。【花】花单生于叶腋或顶生，直径2～4cm，近无柄；苞片5～6片，外面被柔毛；萼片5片，圆形或卵形，宽3～5mm，外面有紫红色斑块，被柔毛；花瓣金黄色，9片，离生，圆形至长圆形，长1～1.9cm，略被短柔毛；外轮雄蕊略连生，花丝管长2mm；子房被白毛，3室，花柱3条离生。【果】蒴果三球形，宽2～2.5cm，被毛，果皮薄。

【识别要点】本种近似薄叶金花茶（*C. chrysanthoides* H. T. Chang），但顶芽有柔毛，叶有黑腺点，子房有毛，易于区别。

育种价值：用于培育黄色的品种。

3.4.4 抱茎金花茶*Camellia murauchii* Ninh et Hakoda（图3-29）

分布：主要分布在越南北部北太省，生于海拔900～1150m的山坡杂木林中。

主要特征：【株型】树高3m。【枝条】嫩枝红褐色，无毛。【叶】老叶长椭圆形，叶脉明显，有明显凹陷，叶长达25～30cm，浓绿，叶片奇特，叶基部连锯齿伸长下延抱茎。【花】花朵为鲜艳的金黄色，花径8～10cm，花朵多。

育种价值：花瓣革质、花蕾簇生、叶型奇特是其在育种中的特色之处。

3.4.5 金花茶*Camellia nitidissima* C. W. Chi（图3-30）

概述：FOC将金花茶并入*Camellia petelotii*（Merrill) Sealy。

闵天禄教授（2000年）将金花茶*C. nitidissima*合并到*C. petelotii*，后又在FOC将金花茶降为变种*C. petelotii* var. *nitidissima*（Chi) Ming。部分学者认为金花茶与*C. petelotii*是两个独立的种，不该作合并处理。

分布：模式标本采自广西十万大山非钙质土的山地常绿林。分布于中国广西壮族自治区南部以及越南北部，海拔220～950m。

主要特征：【株型】灌木，高2～3m。【枝条】嫩枝无毛。【叶】叶革质，长圆形或披针形，或倒披针形，长11～16cm，宽2.5～4.5cm，先端尾状渐尖，基部楔形，叶面深绿色，发亮，叶背浅绿色，有黑腺点；中脉及侧脉7对，在叶面陷下，在叶背突起，边缘有细锯齿；叶柄长7～11mm。【花】花黄色，单朵腋生，花柄长7～10mm；苞片5片，散

1—花； 2—果

图3-28 龙州金花茶

1、2—叶； 3、4—花

图3-29 抱茎金花茶

1、2—成熟叶片及新叶； 3、4—花及果（图片来源：金花茶公园提供）

图3-30 金花茶

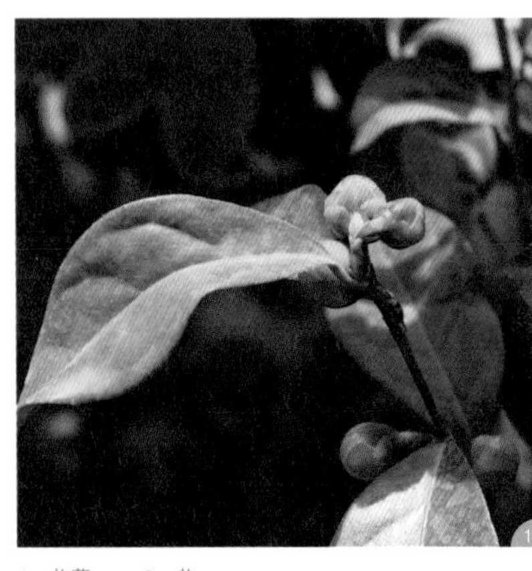

1—花蕾；　2—花
图3-31　四季花金花茶

生，宿存；萼片5片，卵圆形至圆形，背面略有微毛；花瓣8～12片，近圆形，长1.5～3cm，宽1.2～2cm，基部略相连生；子房3～4室，花柱3～4条。花期11～12月。【果】蒴果扁三角球形，长3.5cm，宽4.5cm，3爿裂开，果爿厚4～7mm，中轴三角形或四角形，先端3～4裂；果柄长1cm，有宿存苞片及萼片；种子6～8粒，长约2cm。

育种价值：金花茶是用于目标茶花育种较多的原种资源，主要价值在于其黄色的花及开花繁密的特性。

3.4.6　四季花金花茶（崇左金花茶）*Camellia perpetua* S. Y. Liang et L. D. Huang（图3-31）

概述：2008年我国著名金花茶专家梁盛业先生发表了这一新种，把它置于山茶属金花茶组，定名为“崇左金花茶 *Camellia chungtsoensis* Liang et Huang”。但发表的是裸名，除中文描述外无拉丁描述，属于无效发表。2014年《广东园林》第1期将崇左金花茶用新的名称四季金花茶*Camellia perpetua* Liang et Huang加以有效、合格发表。

分布：模式标本采自广西崇左马鞍山村柳阳屯石灰岩山中，分布于广西崇左市海拔350m的石灰岩山中。

主要特征：【株型】常绿灌木，高达5m，树皮红褐色。【枝条】嫩枝无毛，老枝褐灰色。【叶】叶革质，椭圆形，长8～11cm，宽3.5～4.5cm，先端渐尖，基部近圆形，叶面深绿发亮，中脉两面突起，侧脉4～5对，边缘细锯齿，叶柄绿色，长0.4～0.5cm。【花】花常单生或腋生，薄黄色，花径5～6cm，花瓣13～16片，长椭圆形，长1.3～2.6cm，宽2.1～2.3cm，花梗长0.5cm。苞片5，淡绿色，半圆形，宿存2片，萼片3，近圆形，宿存；子房近球形，花柱3条，完全分裂，长2～2.5cm。花期5～12月。【果】蒴果棱球形、果实1.5～2cm，三室，成熟的果皮淡黄色，光滑，种子1～2粒。果期当年9～10月。【识别要点】该种与柠檬金花茶（*C. limonis*）近似，不同之处在于花大、深黄色，花瓣13～16，多季开花。

育种价值：花色鲜黄，全年开花不断，叶片较小，枝叶茂密，植株紧凑，用于培育黄色、四季开花的品种。

3.5 其他

茶花一般从10月份到翌年5月份开放，盛花期通常在1～3月份，让茶花全年开花不断一直是世界茶花育种界的梦想。越南抱茎茶（*C. amplexicaulis*）、四季花金花茶（*C. perpetua*）以及杜鹃红山茶（*C. changii*）等原种盛花期在夏季至秋季，如果栽培条件好，一年四季都可以开花。在束花茶花的培育过程中可以应用这些具有多季开花特性的资源培育出连续开花的束花茶花品种。

3.5.1 越南抱茎茶*Camellia amplexicaulis*（Pitard）Cohen-Stuart（图3-32）

分布：分布于越南北部与中国云南河口接壤的地区。

主要特征：【株型】灌木，高可达3m。【枝条】嫩枝无毛，紫褐色。【叶】叶椭圆形，长15～25cm，宽6～11cm，先端钝尖，基部耳状抱茎，长15～25cm，宽6～11cm，叶面叶脉略凹陷，叶背叶脉凸起，边缘具细齿，叶柄长3～5mm。【花】花紫红色，直径4～7cm，花单生或簇生于枝顶或叶腋，苞片宿存，6～7枚，萼片5枚，内侧被褐色微毛；花瓣8～13枚，长2.5～4cm，宽2～3cm，肉质，阔卵圆形，先端圆，内凹，基部与雄蕊群贴生。雄蕊长3～3.2cm，外轮花丝连生2.2cm，形成一个被柔毛的肉质管，离生部分无毛。花柱3条，基部离生。花柄粗壮，长1～1.2cm。花期夏季至秋季，甚至全年。【果】蒴果球形，具3个明显纵裂沟，3室，果皮厚约5mm。

育种价值：用于培育红色系、多季开花以及独特叶型的品种。

此外，还有一个越南抱茎茶的白花变种（*C. amplexicaulis* var. *alba*），见图3-33。

3.5.2 杜鹃红山茶*Camellia azalea* C. F. Wei（图3-34）

概述：FOC：假大头茶。

叶创兴先生曾于1985年、1986年、1987年先后宣读和发表过该原种，命名为张氏红山茶（*Camllia changii*）。卫兆芬女士1986年命名该原种为杜鹃红山茶（*Camellia azalea*）。

分布：模式标本采自广东阳春河尾山，海拔540m的山地。广东省阳春市局部山区有发现，海拔300～450m。

图3-32　越南抱茎茶

图3-33　越南抱茎茶（白花）

主要特征：【株型】灌木。【枝条】嫩枝红色，无毛，老枝灰色。【叶】叶革质，倒卵状长圆形，长7～11cm，宽2～3.5cm，叶面干后深绿色，发亮；先端圆或钝，基部楔形，微下延，侧脉6～8对，干后在正背两面均稍突起，全缘；叶柄长6～10mm。【花】花深红色，单生于枝顶叶腋；直径8～10cm；苞片与萼片8～9片，倒卵圆形；花瓣5～6片，长倒卵形，外侧3片较短，长5～6.5cm，宽1.7～2.4cm，内侧3片长8～8.5cm，宽2.2～3.2cm，先端凹入；子房3室，花柱长3.5cm，先端3裂，裂片长1cm。【果】蒴果短纺锤形，长2～2.5cm，宽2～2.3cm，有半宿存萼片，果爿木质，3爿裂开，每室有种子1～3粒。

育种价值：该种盛花期在夏季至秋季，如果栽培条件好，一年四季都可以开花。用于培育多季开花、花色艳丽的品种。

除了上述原种之外，山茶属中还有众多的资源可用于束花茶花的育种，无论是束花特性的一级目标，还是花色、花型等观赏特性，抗花腐病、耐盐碱、耐热、耐寒等适应性，都有无限的育种空间。

图3-34 杜鹃红山茶

第4章

○

束花茶花品种

从已见报道，束花茶花品种最早可追溯到1939年前培育出的‘Winton’。目前连蕊茶组原种应用到束花茶花育种中的资源从尖连蕊茶（*C. cuspidata*）、毛花连蕊茶（*C. fraterna*）、琉球连蕊茶（*C. lutchuensis*）、到能高连蕊茶（*C. nokoensis*）、玫瑰连蕊茶（*C. rosaeflora*）、云南连蕊茶（*C. tsaii*）等不断增多。

根据国际山茶协会与美国山茶协会等山茶协会、英国皇家园艺学会等网络媒体和期刊的报道，1939年至今已见报道的束花茶花品种约260余种（至2017年）。为了便于分析，作者对杂交亲本明确的束花茶花品种进行了梳理，并对其中的部分品种进行了简述。以期对茶花爱好者及研究者在束花茶花的研究中有所启发和帮助。

需要说明的是，同一品种因栽培和生长环境不同，其花型、花径、花期等观赏特性会有所差异，本章中品种的介绍主要以其登录时的描述为主。

4.1 20世纪的束花茶花品种

如前所述，20世纪是束花茶花育种起步与发展的重要时期，无论是运用的连蕊茶组育种资源，还是束花茶花品种的花型、花色等观赏特性，都在不断发展和突破。在英国皇家园艺学会的梅里特奖（RHS Award of Garden Merit，AGM）中，南投秃连蕊茶（*C. transnokoensis*）这个原种获此殊荣，同时'Cornish Snow'、'Cornish Spring'、'Crimson Candles'、'Sylvia May'、'Spring Festival'等束花茶花品种均以其在观赏性及适应性方面的优异表现榜上有名。

4.1.1 尖连蕊茶（*C. cuspidata*）的品种

尖连蕊茶是最早报道的用于束花茶花育种的连蕊茶组原种。20世纪已见报道的F1及F2代束花茶花品种约30余种（图4-1，90～93页）。从目前的报道来看，尖连蕊茶作为母本或父本均能培育出杂交品种，涉及的另一个亲本主要是怒江红山茶（*C. saluenensis*）、雪椿（*C. rusticana*）、山茶（*C. japonica*）等原种及其品种。此外，组内杂交也有报道，如毛花连蕊茶和尖连蕊茶杂交培育出品种'Milky Way'。

从图中已有品种看，花型方面，以单瓣和半重瓣居多，仅有'Spring Festival'和'Murechidori'等少数品种出现托桂型或牡丹型。花色方面，以白色、浅粉色为主，部分品种为玫红色，如'Cornish Spring'等。

1.'Bellbird'（中文名：'铃鸟'，图4-2）

亲本：*Camellia*'Cornish Snow'的种子苗，父本不详。

起源：由澳大利亚F. S. Tuckfield培育，1968年首次开花，1970年刊登在澳大利亚的《山茶新闻》（*Camellia News*）上。

观赏特性：花单瓣，钟形，花径7～7.5cm，玫瑰粉色，花丝白色，花药黄色；叶长约7.5cm，宽约2.5cm，具锐锯齿；植株紧凑、开张，长势强。

2.'Cornish Snow'（中文名：'米雪'）

亲本：*C. cuspidata* × *C. saluenensis*

图4-2　'Bellbird'（图片来源：高继银）

起源：由威廉姆斯先生（J. C. Williams）在英国的Caerhays Castle培育而来，1948年发表在英国皇家园艺学会杂志上。并于1948年获"梅里特奖"。

观赏特性：花单瓣，花径约5cm；花瓣8枚，白色，具粉晕；叶形似尖连蕊茶，长约5cm，宽约3cm；植株高大。

该品种为尖连蕊茶重要的F1代之一，培育出'Bellbird'等出色的F2代束花茶花品种。

3. 'Cornish Spring'（图4-3）

亲本：*C. japonica* 'Rosa Simplex' × *C. cuspidata*

起源：由英国Gillian Carlyon小姐杂交培育而来。1973年发表在《Tregrehan山茶苗圃》（*Tregrehan Camellia Nursery*），1986年获得英国皇家园艺学会"梅里特奖"。

观赏特性：花单瓣，花径约4cm；花粉色，花药金黄色；植株立性，长势中等。

4. 'Julie'（'朱丽叶'，图4-4）

亲本：'Robbie'（*C. cuspidata* × *C. saluenensis*）× *C. japonica* 'Dr Tinsley'

起源：由美国加利福尼亚州的詹姆斯（V. R. James）培育，1958年首次开花。1962～1963年刊登在《美国山茶年鉴》（*American Camellia Yearbook*）上。

观赏特性：花为牡丹型，花径约9cm；玫瑰粉色至桃粉色；叶深绿色，长约8.5cm，宽约3.8cm；植株立性、紧凑，生长速度中等。另外，杂交品种'Dainty Dale'是与品种'Julie'具有相同杂交组合的姊妹品种。

5. 'Monticello'（图4-5）

亲本：'Sylvia May'（C. *saluenensis* × C. *cuspidata*）的机遇苗。

起源：由美国加利福尼亚州的戴维德·L·费泽思（David L. Feathers）培育，1959年刊登在《美国山茶年鉴》上。

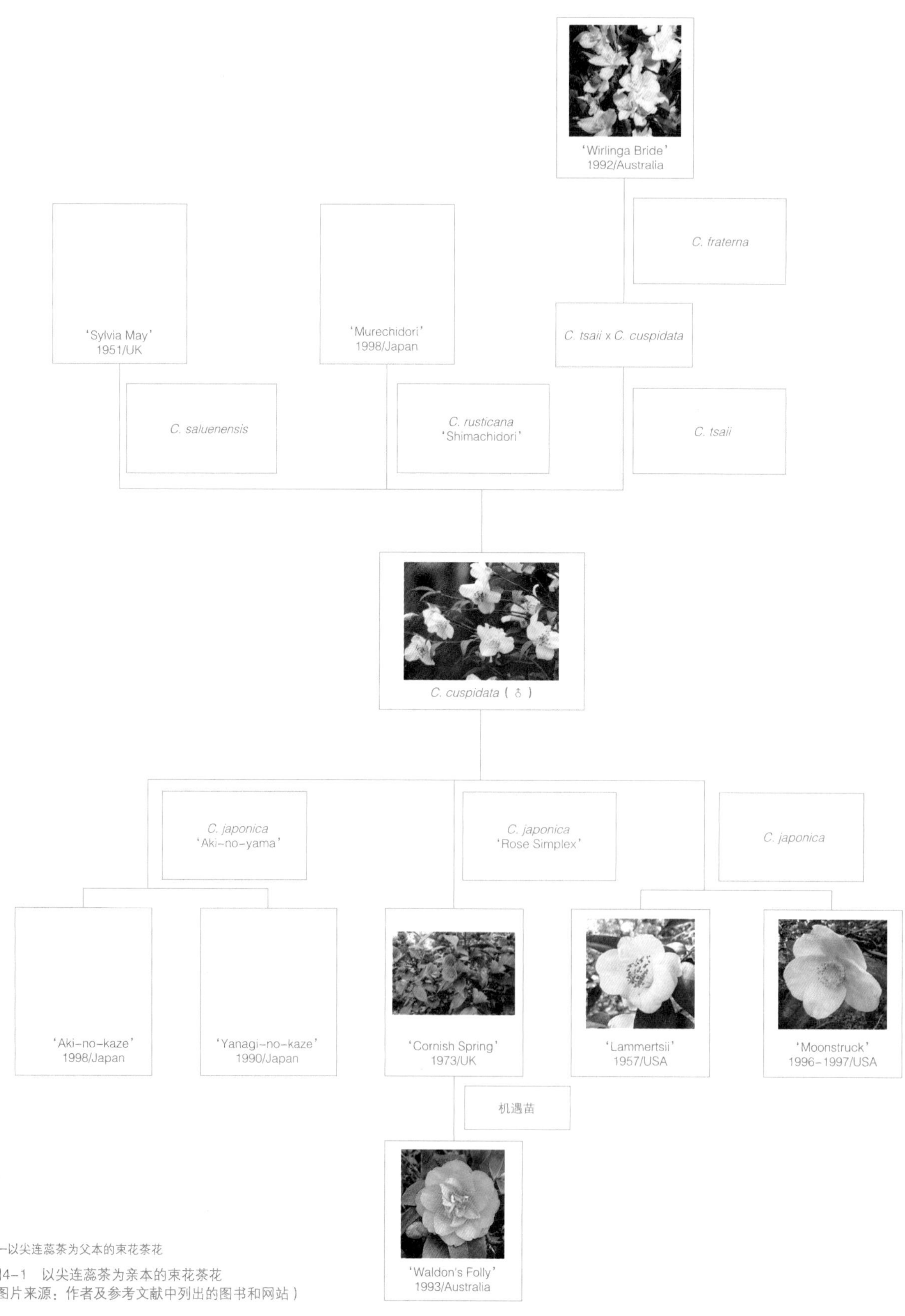

1—以尖连蕊茶为父本的束花茶花

图4-1 以尖连蕊茶为亲本的束花茶花
（图片来源：作者及参考文献中列出的图书和网站）

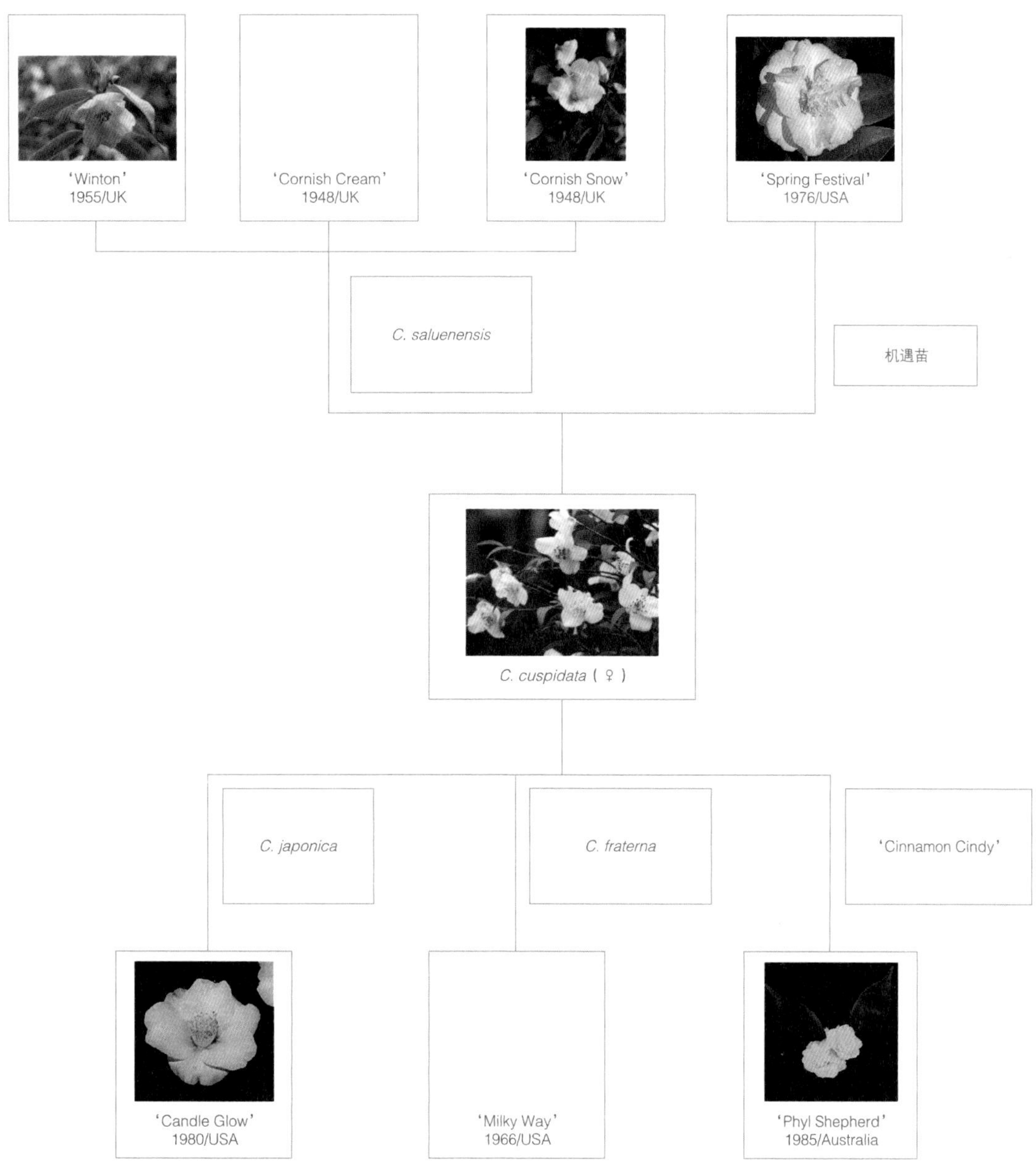

2—以尖连蕊茶为母本的束花茶花

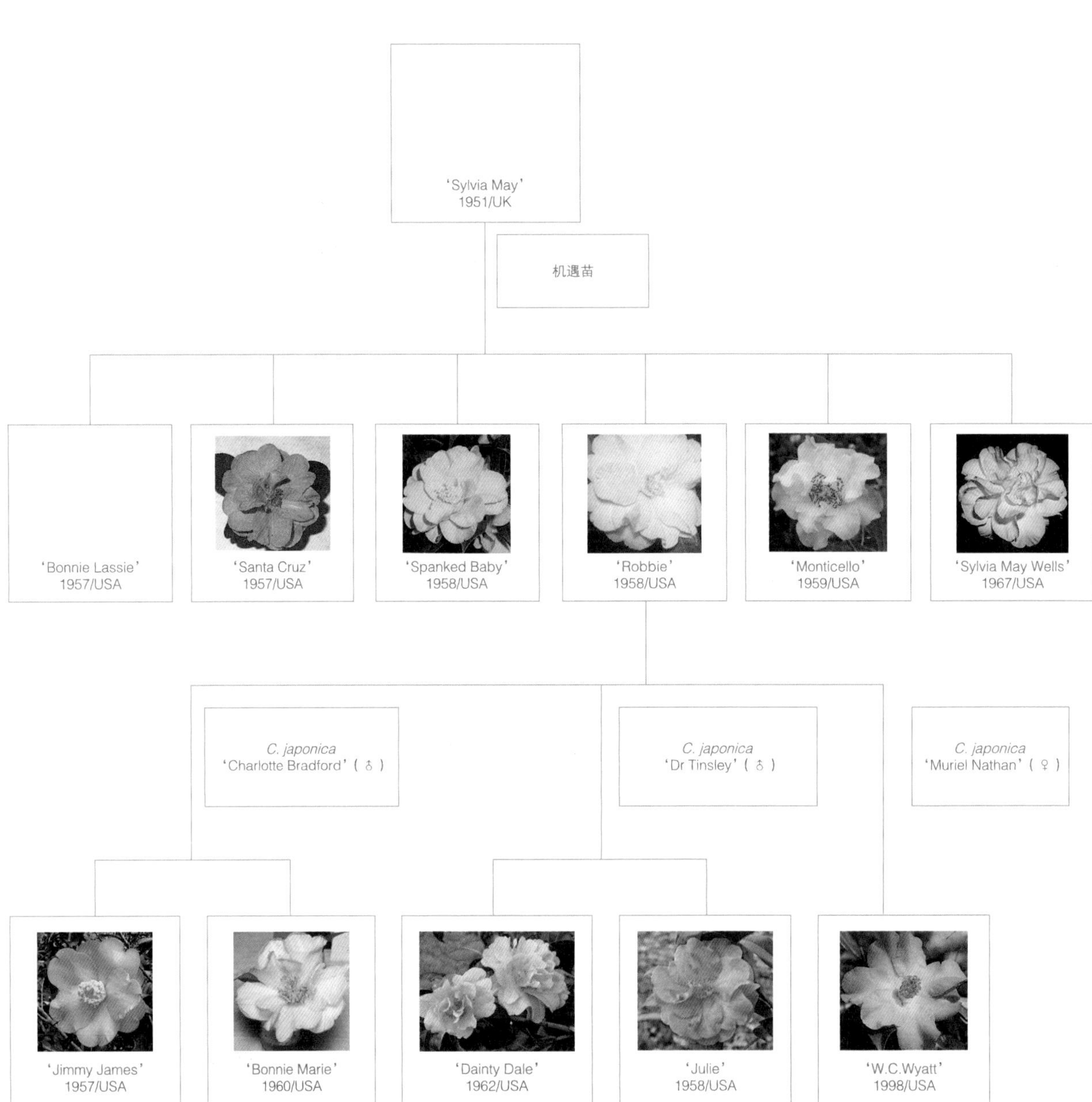

3—以‘Sylvia May’为亲本的束花茶花

4—以'Cornish Snow'为亲本的束花茶花

图4-3 'Cornish Spring'（图片来源：J. Trehane著*Camellias: The Gardener's Encyclopedia*）

图4-4 ‘Julie’（图片来源：https://www.americancamellias.com）

图4-5 ‘Monticello’（图片来源：J. Trehane著*Camellias: The Gardener's Encyclopedia*）

观赏特性：花为牡丹型，花径约10～11cm，粉色，花瓣数量约40枚；叶深绿色，长约7cm，宽约4.5cm；植株立性，生长速度快。

6.‘Spring Festival’（中文名‘春节’，图4-6）

亲本：*C. cuspidata*的机遇苗。

起源：由美国加利福尼亚州的堂本（Toichi Domoto）培育，1970首次开花。1976年首次发表于《美国山茶年鉴》。1983年作为封面品种发表于《新西兰山茶会刊》（*New Zealand Camellia Bulletin*）。

观赏特性：花玫瑰重瓣型，花径5～6cm；粉色；植株立性。

该品种为目前束花茶花品种中为数不多的玫瑰重瓣型品种，已在中国的绿地中有所应用。

7.‘Sylvia May’

亲本：*C. saluenensis* × *C. cuspidata*。

起源：由美国加利福尼亚州的沃克井博士（Dr. Walker Wells）从英国引入，1948年首次开花。1951年出现在《美国山茶名录》（*American Camellia Catalogue*）中。

观赏特性：花单瓣，花径约5cm；花瓣具有兰花般的纹理和粉色；花丝及花药金黄色；叶浅绿色，椭圆形，长约5cm，宽约2.3cm；植株高大、开展、枝条稠密。

该品种为尖连蕊茶重要的F1代之一，培育出‘Julie’、‘Monticello’等出色的F2代束花茶花品种。

图4-6 'Spring Festival'（图片来源：高继银）

4.1.2 毛花连蕊茶（*C. fraterna*）的品种

提到毛花连蕊茶，恰如中国的一句古话："母凭子贵"，1956年首次开花的'Tiny Princess'，让这位"母亲"在束花茶花的杂交育种中备受关注。

在20世纪，报道的以毛花连蕊茶为亲本的束花茶花品种在70种左右（图4-7），主要是以毛花连蕊茶为父本培育的品种，作为母本培育出的束花茶花F1代约10余种（图4-7）。F1代的另一个亲本主要来自山茶（*C. japonica*）、茶梅（*C. sasanqua*）、西南红山茶（*C. pitardii* var. *pitardii*）、冬红短柱茶（*C. hiemalis*）、玫瑰连蕊茶（*C. rosaeflora*）、云南连蕊茶（*C. tsaii*）和云南山茶（*C. reticulata*）等原种及其品种。以毛花连蕊茶为亲本选育的F1代和尖连蕊茶的F1代一样，主要以单瓣和半重瓣花型、白色及浅粉色系花色为多。毛花连蕊茶培育的F1代中，最为出色的当属'Tiny Princess'、'Snow Drop'以及'Crimson Candles'等花型或花色少见的品种。

毛花连蕊茶本身具有芳香，其F1代及F2代中也出现了具有香味的品种，主要包括'Yoshihime'、'White Elf'、'Pink Posy'、'Mrs June Hamilton'、'Marjorie's Dream'、'Margined Wirlinga Belle'、'Little Lisa Leigh'、'Julie' s Own'、'Hashihime'、'Fragrant Fairies'、'Feather's Darling'、'Dave's Weeper'、'Aki-no-shirabe'等10余个品种。有趣的是，在F2代中，其亲本均没有香味，但F2代却产生了香味，如品种'Fragrant Fairies'等，它们成为在后期香味的遗传育种研究中，希望能够收集和运用的试验材料。

在F2代中，主要以'Snow Drop'和'Tiny Princess'为亲本培育而来（图4-7），除了'Gay Baby'、'Alpen Glo'之外，最为著名的是澳大利亚的T. J. Savige先生用'Tiny Princess'和玫瑰连蕊茶杂交以及从'Tiny Princess'实生苗中选育而来的Wirlinga系列品种。

1. ‘Alpen Glo’（中文名：‘格劳’，图4-8）

亲本：母本为‘Snow Drop’，父本不详。

起源：由澳大利亚的塞比尔（E. R. Sebire）培育。1985年，发表在澳大利亚的*Camellia News*上。

观赏特性：花单瓣至半重瓣，白粉色；叶长约3cm，宽约2cm，浅绿色。植株立性、开张。

该品种在南半球比较流行，但由于其耐寒性稍差，所以在英国的应用并不是特别成功。

2. ‘Crimson Candles’（图4-9）

亲本：*C. reticulata* × *C. fraterna*。

起源：由美国北卡罗来纳州的克利福德 ·R· 帕克斯博士（Dr. Clifford R. Parks）培育，1981年首次开花，1995年刊登于*American Camellia Yearbook*。

观赏特性：花单瓣型，花瓣数量约8枚。花径约8cm，深红色；花丝粉色，花药黄色。叶深绿色，长约5cm，宽约3cm。植株立性，长势强。

该品种从植株到花芽和花，都具有很好的抗寒性。

3. ‘Esme Spence’（中文名：‘埃斯米’，图4-10）

亲本：*C. japonica* × *C. fraterna*。

起源：由新西兰的斯潘塞女士（Mrs. E. G. pence）从贝蒂杜兰特女士（Mrs. Bettie Durrant）种植的种子中培育而来，1977年刊登于*New Zealand Camellia Bulletin*。

观赏特性：花托桂型，外轮大花瓣约12枚；花径8～9cm，花浅粉色（RHS.CC.55C）。

4. Gay Baby（中文名：‘俏姑娘’，图4-11）

亲本：‘Ruby Bells’（*C. saluenensis* × *C. Japonica*‘Fuyajō’）×‘Tiny Princess’。

起源：由新西兰的布拉姆哈德（O. Blumhardt）培育。

观赏特性：花半重瓣，花径约5cm，深粉色；叶长约5cm，宽约2.5cm，深绿色。植株立性，紧凑，生长速度中等。

5. ‘Itty Bit’（图4-12）

亲本：*C. saluenensis* ×‘Tiny Princess’。

起源：由新西兰的菲利克斯 · 朱瑞（Felix Jury）培育。1981年首次开花，1984刊登于*New Zealand Camellia Bulletin*。

图4-8 'Alpen Glo'（图片来源：高继银）

图4-9 'Crimson Candles'

图4-10 'Esme Spence'（图片来源：http://www.atlanticcoastcamelliasociety.org/）

图4-11 'Gay Baby'（图片来源：高继银）

图4–12 ‘Itty Bit’（图片来源：J. Trehane著*Camellias: The Gardener’s Encyclopedia*）

观赏特性：花半重瓣至托桂型，花径约6cm，外轮大花瓣8~10枚，内轮小花瓣约20~23枚，花粉色；叶长约5cm，宽约2.4cm，深绿色。植株开张，生长缓慢。

6.‘Snow Drop’（中文名：‘雪融’、‘雪花’，图4-13）

亲本：*C. pitardii* var. *pitardii* × *C. fraterna*

起源：由澳大利亚的E. R. Sebire培育，1975年首次开花，1979年刊登在澳大利亚的*Camellia News*上。

观赏特性：花单瓣，花白色，花瓣边缘粉色；叶暗绿色，叶长约7cm，叶宽约4cm。植株立性、开张。

7.‘Tiny Princess’（中文名：‘小公主’，图4-14）

亲本：*C. japonica*‘Akebono’ × *C. fraterna*。

起源：由美国亚拉巴马州的左右田（K. Sawada）培育，1956年首次开花，1961年刊登于*American Camellia Yearbook*。

观赏特性：花单瓣、半重瓣至松散牡丹型，花径约5cm，花白粉色；叶中等绿色，叶缘细锯齿，叶长约5cm，宽约2.5cm。

该品种是以毛花连蕊茶为亲本的F1代中的佼佼者，并作为亲本培育出20余种束花茶花F2代。

8.‘Yoimachi’（图4-15）

亲本：*C. sasanqua* × *C. fraterna*。

起源：由美国的克利福德·帕克（Clifford Park）博士培育，1973年首次开花，1982年刊登于*American Camellia Yearbook*。

观赏特性：花单瓣，花径约5cm，花瓣数量约7枚，花白色，边缘粉色，芳香；叶深绿色，叶长约7cm，宽约4cm；植株立性、紧凑。

该品种芳香，且整体花期持续时间长，可以在英国南部的花园里露地生长，并保持其优良的观赏性状。

4.1.3 琉球连蕊茶（*C. lutchuensis*）的品种

琉球连蕊茶是培育芳香束花茶花的重要资源，也是目前培育束花茶花品种最多的连蕊茶组原种，据不完全统计，其F1和F2代多达80余种（图4-16），几乎占据了20世纪束花茶花品种的半壁江山。

在以琉球连蕊茶为亲本培育的束花茶花中，芳香是其重要的特色之一，如Ack-Scent系列、Fragrant系列、Hime系

图4-13 ‘Snow Drop’（图片来源：高继银）

图4-14 ‘Tiny Princess’（图片来源：高继银）

图4-15 ‘Yoimachi’（图片来源：J. Trehane著*Camellias: The Gardener’s Encyclopedia*）

列、Spring系列等品种。如‘Ack-Scent Spice’具有独特的柠檬香味；‘Spring Mist’芳香浓郁，‘Scented Gem’芳香淡雅。除芳香之外，以琉球连蕊茶为亲本，还有‘Scentuous’、‘Fragrant Joy’等托桂型、牡丹型品种。

1.‘Cinnamon Cindy’（中文名：‘香辛迪’，图4-17）

亲本：*C. japonica*‘Kenkyō’×*C. lutchuensis*。

起源：由美国的W. L. Ackerman博士培育，1967年首次开花，1974年刊登于*American Camellia Yearbook*。

观赏特性：花牡丹型，外部花瓣玫瑰粉色，18枚；中间部分雄蕊瓣化，白色，数量约22枚；花径约5.3cm，花有似桂花的香味。叶亮绿色，长约5cm，宽约2.8cm。生长中等，立性，花期早到晚。

2.‘Fragrant Pink’（中文名：‘粉香’，图4-18）

亲本：*C. rusticana*‘Yoshida’×*C. lutchuensis*。

起源：由美国的W. L. Ackerman博士培育，1964年首次开花，1970年刊登在*American Camellia Yearbook*。

观赏特性：花深粉红，牡丹型，花径约5.5 cm，具浓香。叶浅绿色，长约6 cm，宽约4 cm。花期早到中。株型开张，长势中等。

该品种具有似桂花的甜香，1982年获“梅里特奖”（“Award of Merit”）。著名的‘Fragrant Pink Improved’就由该品种经加倍而得。

3.‘Fragrant Pink Improved’（中文名：‘粉香变’，图4-19）

亲本：*C. rusticana*‘Yoshida’×*C. lutchuensis*。

起源：由美国的W. L. Ackerman博士通过秋水仙素处理而来，1968年首次开花，1983年刊登于*American Camellia Yearbook*。

观赏特性：花粉红色，松散牡丹型，花径6～8cm，有香味，花期1～3月底盛开。

4.‘High Fragrance’（中文名‘烈香’，又名‘醉香’；台湾名‘天香’，图4-20）

亲本：‘Bertha Harms’×（*C.*‘Salab’×‘Scentuous’）。

起源：由新西兰的芬利（J. R. Finlay）培育，1985年首次开花。

观赏特性：花为牡丹型，花瓣数量约30枚，花径9～10cm，淡象牙粉色，花瓣边缘具深粉红色隐带边，具有浓烈的茉莉花和玫瑰花混合香型，花期中到晚。叶偏大，长约7.5cm，宽约4.5cm，浓绿，叶齿钝而明显；植株长势好，开张。

图4-17 'Cinnamon Cindy'

图4-18 'Fragrant Pink'

图4-19 'Fragrant Pink Improved'（图片来源：韩保同）

图4-20 'High Fragrance'

图4-21 'Koto-no-kaori'

5.‘Koto-no-kaori’（英文名：‘Perfume of Ancient Capital’日文名：‘古都の香’，中文名：‘可陀香’，图4-21）

亲本：*C. japonica*‘Tōkai’×*C. lutchuensis*。

起源：由日本育种者培育。

观赏特性：花单瓣型，花瓣6～7枚，玫红色，芳香。

该品种花色艳丽，是束花茶花中不可多得的深色系品种，开花极其繁密，加之浓郁的芳香，让该品种具有很好的应用价值。

6.‘Minato-no-akebono’（英文名：‘Harbor at Dawn’，中文名：‘港の曙’，图4-22）

亲本：*C. lutchuensis*×*C. japonica*‘Kantō-tsukimiguruma’。

起源：最早是在1981由日本的村田祇臣（Masaomi Murata）发布。

观赏特性：淡红色，渐向花中心呈白色，花瓣卵圆形，花丝白色，花药古铜色，小花型，花单瓣。花径约5cm，极芳香；花期早到中；叶浓绿，齿明显，长势旺，紧凑。

除此之外，还有同父同母进行反交的姐妹品种‘Minato-no-sakura’（‘港の桜’）：花浅粉色，单瓣，芳香，叶小，中等绿色。以及和‘港の桜’有着共同父本的‘Minato-no-haru’（‘港の春’）：花单瓣型，深粉色，芳香；叶浓绿，较厚；长势旺，立性；花期中。

7.‘Quintessence’（中文名：‘精华’，图4-23）

亲本：*C. japonica*‘Fendigs’No.12×*C. lutchuensis*。

起源：由新西兰的莱斯涅（J. C. Lesnie）培育，1980年首次开花，1985年刊登于*New Zealand Camellia Bulletin*。

观赏特性：单瓣型，花瓣数量约7枚，花径约5cm，白色，花药黄色，花丝白色，具浓香，花期早到中。叶长约6cm，宽约3cm；长势慢，开张，紧凑。

8.‘Scented Gem’（中文名：‘珍品’、‘香珍珠’，图4-24）

亲本：*C. lutchuensis* × *C. japonica*‘Tinsie’（‘Bokuhan’）。

起源：由美国加利福尼亚州的Toichi Domoto培育，1983年发表在Nuccio’s Nurseries的产品目录中。

观赏特性：花瓣紫红色，具白色瓣化花瓣，形成极好看的双色花，花径6～8cm，托桂重瓣型或半重瓣型，芳香；花期较长，10月至次年2月盛开，叶较小。

图4-22　'Minato-no-akebono'

图4-23　'Quintessence'（图片来源：J. Trehane著*Camellias: The Gardener's Encyclopedia*）

图4-24　'Scented Gem'（图片来源：J. Trehane著*Camellias: The Gardener's Encyclopedia*）

9. 'Scentuous'（中文名：'甜香水'，图4-25）

亲本：*C. japonica*'Tiffany' × *C. lutchuensis*。

起源：由新西兰的J. R. Finlay培育，1976年首次开花，1981年在*New Zealand Camellia Bulletin*发表。

观赏特性：花半重瓣型，白色，花朵外轮花瓣瓣背呈粉色，松散牡丹型，花径7cm，具甜香。叶呈椭圆形，淡绿色。树型横张，生长速度中等。以'Scentuous'为亲本，还培育了多个芳香品种，如'Scented Swirl'、'Souza's Pavlova'。

10. 'Spring Mist'（中文名：'春雾'）（图4-26）

亲本：*C. japonica*'Snow Bell' × *C. lutchuensis*。

起源：由美国的朗利（A. E. Longley）和帕克斯（C. R. Parks）培育，1965年首次开花，1982年发表于*American Camellia Yearbook*。

观赏特性：花半重瓣型，花瓣数量约13枚，花径约5cm。花粉色，芳香，开花繁密；叶中等绿色，嫩叶古铜红色。株型开张。

11. 'Sweet Emily Kate'（中文名：'甜凯特'，中国台湾地区称：'芙蓉香波'，图4-27）

亲本：*C. japonica*'Tiffany' ×（'The Czar' ×*C. lutchuensis*）。

起源：由澳大利亚的雷·加内特（Ray Garnett）培育，1983年首次开花。

图4-25 ‘Scentuous’

图4-26 ‘Spring Mist’(图片来源：高继银)

图4-27 ‘Sweet Emily Kate’

观赏特性：花牡丹型，花径约7cm，花粉色接近花瓣基部浅粉色，芳香；花期中到晚；叶绿，椭圆形，长约6cm，宽约2.5cm；植株生长缓慢，紧凑。

4.1.4 玫瑰连蕊茶（*C. rosaeflora*）的品种

除了前述的尖连蕊茶、毛花连蕊茶和琉球连蕊茶之外，玫瑰连蕊茶也应用到束花茶花的育种中，目前其品种情况如图4-28。品种培育人主要来自澳大利亚，最为著名的就是前述的Wirlinga系列品种。在Wirlinga系列品种中，‘Wirlinga Cascade’以其娇艳的花色和紧凑的株型，目前在国内逐渐应用。

‘Wirlinga Cascade’（中文名：‘串花瀑布’，图4-29）

亲本：‘Wirlinga Belle’的机遇实生苗。

起源：由澳大利亚的T. J. Savige培育，1987年刊登于澳大利亚的*Camellia News*。

图4-28 以玫瑰连蕊茶为亲本的束花茶花（图片来源：参考文献中列出的网站）

图4-29 ‘Wirlinga Cascade’

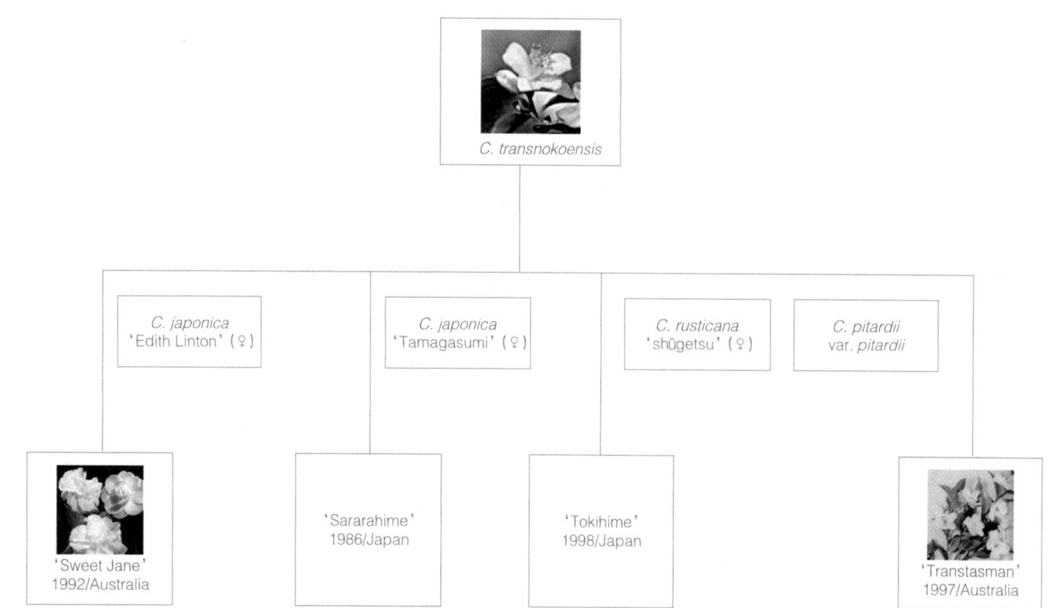

图4-30　以南投秃连蕊茶为亲本的束花茶花（图片来源：http://camelliasaustralia.com.au/）

观赏特性：花单瓣，花玫瑰粉色，开花极其繁密。花径约3～5cm，花期中到晚；叶绿，椭圆形，长约6cm，宽约2.5cm；生长缓慢，株型紧凑。

该品种在上海表现优异，主要体现在对夏季高温和弱碱性土壤的适应性。

4.1.5　南投秃连蕊茶的品种

南投秃连蕊茶在FOC中已修订，成为*C. lutchuensis*的异名。但为了查阅方便，本书仍以*C. transnokoensis*列出，以便于对杂交组合的整理和了解（图4-30）。'Sweet Jane'是其后代中出色的品种之一。

'Sweet Jane'（中文名：'甜珍妮'、'漂亮的珍妮'，图4-31）

亲本：*C. japonica* 'Edith Linton' × *C. transnokoensis*。

起源：由澳大利亚的Ray Garnett培育，1987首次开花。

观赏特性：花半重瓣至牡丹重瓣型或完全重瓣型，外轮花瓣约26枚，内轮小花瓣约12枚，外轮花瓣呈绯红色，其余花瓣呈淡粉红色，花径约3.5cm。成熟叶片绿色，窄卵形，长约6.5cm，宽约3.5cm，嫩叶红褐色。

图4-31 'Sweet Jane'（图片来源：J. Trehane著*Camellias: The Gardener's Encyclopedia*）

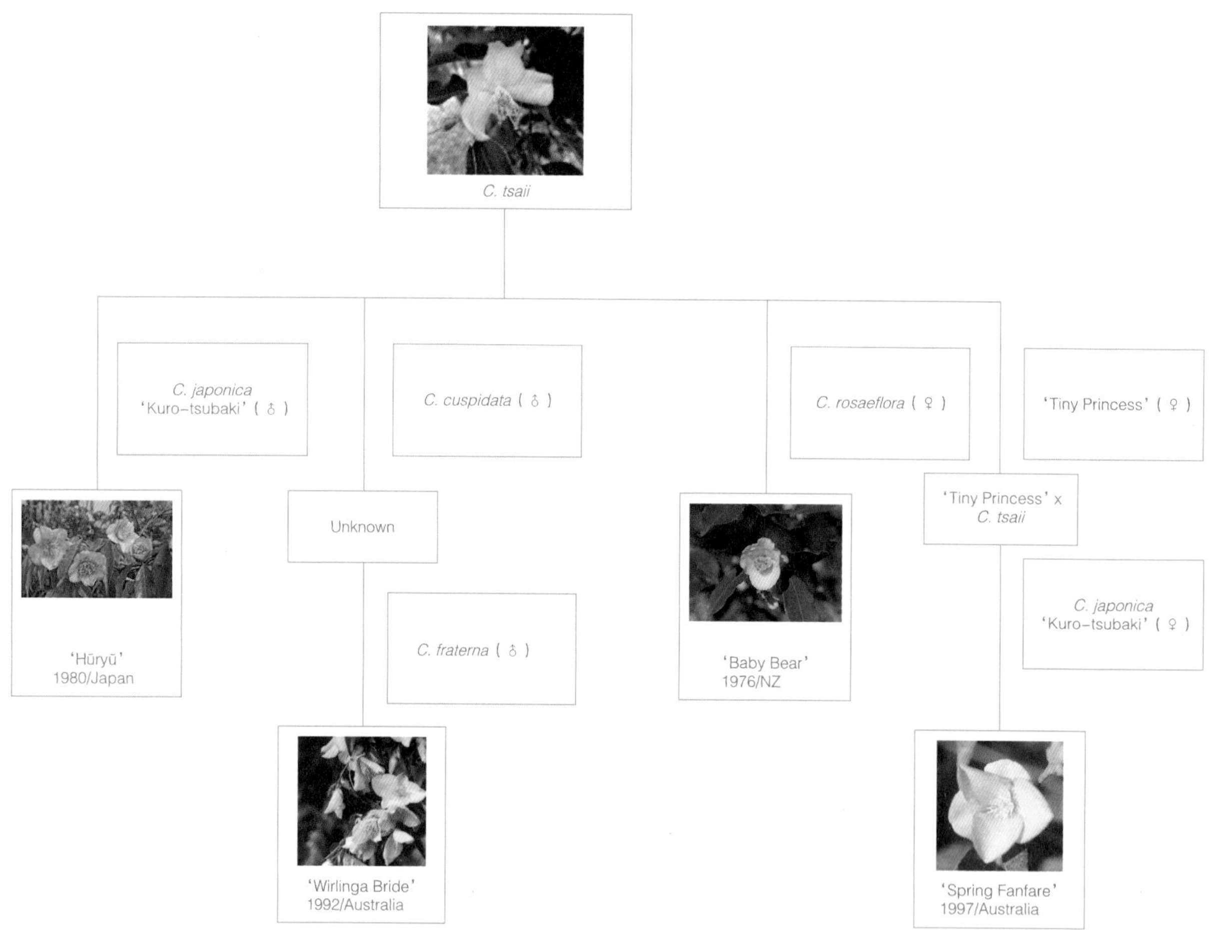

图4-32　以云南连蕊茶为亲本的束花茶花（图片来源：参考文献中列出的图书和网站）

4.1.6　云南连蕊茶（*C. tsaii*）的品种

在云南连蕊茶的应用中，基本都是和连蕊茶组其他种或其F1代进行杂交，其中不乏出色的品种（图4-32）。

4.1.7　连蕊茶组组内杂交品种

在对每一个连蕊茶组原种用于杂交育种的现状进行总结的同时，作者将用到两种及以上连蕊茶组资源或其F1的杂交组合进一步做了梳理，见表4-1。

连蕊茶组组内杂交育种信息表

表4-1

品种名	报道年份	报道出处	命名人/培育人	培育国家	母本	父本
‘Ariels Song’	1990	新西兰山茶会刊（*New Zealand Camellia Bulletin*）	达兰特（A. B. Durrant）	新西兰	*C. fraterna*	*C. tsaii*
‘Baby Bear’	1976	*New Zealand Camellia Bulleti*	海登（Neville Haydon）	新西兰	*C. rosaeflora*	*C. tsaii*
‘Captured Enriches’	1984	山茶品名录（*Camellia Nomenclature*）	克鲁格（A. H. Krueger）	美国	*C. rosaeflora*	*C. fraterna*
‘Cascade White’	1989	山茶新闻（*Camellia News*）	肯尼思·P·布朗（Kenneth P. Brown）	澳大利亚	‘Wirlinga Princess’	父本不详
‘Fragrant Dream’	1989	*Camellia News*	胡珀（G. W. Hooper）	澳大利亚	‘Tiny Princess’	*C. lutchuensis*
‘Julie’s Own’	1993	*Camellia News*	肯尼斯·P·布朗	澳大利亚	‘Wirlinga Princess’	父本不详
‘Milky Way’	1966	美国山茶年鉴（*American Camellia Yearbook*）	希尔斯曼（Hilsman）	美国	*C. cuspidata*	*C. fraterna*
‘Phyl Shepherd’	1985	*Camellia News*	毛里斯·哈曼（Maurice Harman）	澳大利亚	*C. cuspidata*	‘Cinnamon Cindy’
‘Spring Fanfare’	1997	*Camellia News*	托马斯·詹姆斯·赛维基（Thomas James Savige）	澳大利亚	C. *japonica* ‘Kuro-tsubaki’	‘Tiny Princess’ ×*C. tsaii*
‘Wirlinga Bride’	1992	*Camellia News*	托马斯·詹姆斯·塞维基	澳大利亚	C. *tsaii* × *C. cuspidata*	*C. fraterna*
‘Wirlinga Gem’	1981	*Camellia News*	托马斯·詹姆斯·塞维基	澳大利亚	‘Tiny Princess’	*C. rosaeflora*
‘Wirlinga Plum Blossom’	2000	*Camellia News*	托马斯·詹姆斯·塞维基	澳大利亚	*C. rosaeflora*	*C. fraterna*
‘Wirlinga Princess’	1977	*Camellia News*	托马斯·詹姆斯·塞维基	澳大利亚	‘Tiny Princess’	*C. rosaeflora*

1.‘Ariels Song’（中文名‘精灵之歌’，图4-33）

亲本：*C. fraterna* × *C. tsaii*。

起源：由新西兰的A. B. Durrant女士培育，1973年首次开花，1990年刊登在*New Zealand Camellia Bulletin*上。

观赏特性：花芽顶生和腋生。花单瓣型，花径约4cm，白色；叶浅绿色，长约9cm，宽约3cm；花丝白色，花药金黄色。植株立性，但枝条下垂，株型开张，生长速度中等。

2.‘Baby Bear’（中文名‘乳熊’，图4-34）

亲本：*C. rosaeflora* × *C. tsaii*。

起源：由新西兰的Neville Haydon先生培育，1976年刊登在*New Zealand Camellia Bulletin*上。

观赏特性：花单瓣，花径约2cm，白色，具浅粉色；叶小，长约4cm，宽约2cm，暗绿色显。植株紧凑、矮小，株高常不足1m。

该品种非常适合用于微型花园，或是容器栽植，尤其适合做盆景。

3.‘Wirlinga Bride’（中文名‘串花新娘’，图4-35）

该品种为三种连蕊茶组原种杂交形成的束花茶花品种。

亲本：（*C. tsaii*×*C. cuspidata*）×*C. fraterna*。

起源：由澳大利亚的T. J. Savige先生培育，1989年首次开花。1992年刊登在澳大利亚的*Camellia News*上。

观赏特性：花芽顶生和腋生。花单瓣型，花径约2.5cm，白色；叶亮绿色，披针形，叶缘波浪状，细锯齿，叶尖渐尖，长约3.5cm，宽约1.7cm；花丝白色，花药金黄色。植株生长速度快，枝条垂软成拱形。

4.‘Wirlinga Princess’（中文名‘串花公主’，图4-36）

亲本：*C. rosaeflora*×‘Tiny Princess’

起源：由澳大利亚的T. J. Savige培育，1975首次开花，1977年刊登于澳大利亚的*Camellia News*。

观赏特性：花单瓣至半重瓣型，花瓣约9枚，花径4～5cm，花瓣边缘浅粉色，至花瓣基部渐成白色，花瓣背面较正面粉色较深；成熟叶片浅绿色至中等绿色，长约5cm，宽约2.5cm。

图4-33　'Ariels Song'（图片来源：http://jimscamellias.co.uk/）

图4-34　'Baby Bear'

图4-35　'Wirlingga Bride'（图片来源：高继银）

图4-36　'Wirlinga Princess'（图片来源：高继银）

4.2 21世纪的束花茶花品种

在21世纪公开发表的束花品种中，用于束花茶花育种的连蕊茶组资源不断增多，主要包括小卵叶连蕊茶（*C. parvi-ovata*）、岳麓连蕊茶（*C. handelii*）、肖长尖连蕊茶（*C. subacutissima*）。

4.2.1 小卵叶连蕊茶（*C. parvi-ovata*）的品种

目前，小卵叶连蕊茶培育的品种主要是20世纪90年代中国的费建国先生培育，主要包括5个品种。

1.‘小粉玉’（‘Xiao Fenyu’，图4-37）

亲本：*C. japonica*‘Kuro-tsubaki’ × *C. parvi-ovata*。

图4-37 ‘小粉玉’

2

图4-38 '玫玉'

起源：由中国的费建国先生在20世纪90年代杂交培育，2012年获批国家林业局新品种保护。

观赏特性：花单瓣，粉白色，花径2～3cm，花期2月下旬～4月。成熟叶片浓绿色，嫩叶红褐色，冬季叶片赭色。植株立性，株型紧凑。

2.'玫玉'（'Sweet Gem'、'Mei Yu'，图4-38）

亲本：*C. japonica*'Kuro-tsubaki' × *C. parvi-ovata*。

起源：由中国的费建国先生在20世纪90年代杂交培育，2009年在美国山茶协会登录。

观赏特性：花单瓣，花径2.5～3.5cm，花玫瑰红色，上海地区2月上旬～3月下旬。成熟叶片浓绿色，嫩叶红褐色。植株立性，株型紧凑。

图4-39 ‘俏佳人’

3.‘俏佳人’（‘Belle Princess’、‘Qiao Jiaren’，图4-39）

亲本：*C. japonica*‘Kuro-tsubaki’ × *C. parvi-ovata*。

起源：由中国的费建国先生在20世纪90年代杂交培育，2009年在美国山茶协会登录。

观赏特性：花半重瓣，花径2.5～3.5cm，外轮花瓣粉色，内轮花瓣淡粉色或近白色，上海地区2月中下旬～4月上旬。正常叶片深绿色，嫩叶红褐色，冬季部分叶片古铜红色。植株立性，株型紧凑。

4.‘玫瑰春’（‘Meigui Chun’，图4-40）

亲本：*C. japonica*‘Kuro-tsubaki’ × *C. parvi-ovata*。

起源：由中国的费建国先生在20世纪90年代杂交培育，2012年获批国家林业局新品种保护。

观赏特性：花玫瑰红色，半重瓣型，花瓣9～11枚，花径2～3cm。花期2月下旬～4月。成熟叶片浓绿色，长6.5～7.5cm，宽3～3.5cm。嫩叶红褐色。植株立性，株型紧凑。

5.‘垂枝粉玉’（‘Chuizhi Fenyu’、‘Pink Cuscade’，图4-41）

亲本：*C. japonica*‘Kuro-tsubaki’ × *C. parvi-ovata*。

起源：由中国的费建国先生在20世纪90年代杂交培育，2013年获批国家林业局新品种保护。

观赏特性：花单瓣，花径2.5～3.5cm，花粉白色，花期3月上旬～4月上旬。正常叶片深绿色，嫩叶红褐色，冬季部分叶片古铜红色。植株长势较慢，株型紧凑，枝条垂软。

4.2.2 岳麓连蕊茶

1.‘上植欢乐颂’（‘Shangzhi Huanlesong’，图4-42）

亲本：*C. japonica*‘Hakuhan Kujaku’ × *C. handelii*

起源：由中国的张亚利女士2011年杂交，2015年首次开花，并由奉树成、张亚利、李湘鹏、郭卫珍、宋垚、莫健彬、周永元观察筛选而得，2017年获批国家林业局新品种保护。

观赏特性：灌木，直立；叶披针形，叶片长度4～9cm（通常为6～8cm），宽度1.5～3.5cm，叶背无毛，叶片光泽中，深绿色，叶尖长尾尖。花芽顶生和腋生，花单瓣型，花径3～5cm，花瓣5～8枚，基部与雄蕊相连约5mm，花瓣长1.8～3cm，宽1.0～2.0cm，花深紫红色系（63A-B）。雄蕊数量中等，筒形，基部连生，长约2cm，无瓣化；子房无

图4-40 ‘玫瑰春’

图4-41 ‘垂枝粉玉’

毛，花柱长约1.5～2.5cm，柱头3～5裂，分裂浅（裂片长0.2cm），雌蕊雄蕊近等高。单次开花，花期中（上海地区花期2～4月）。

2. ‘上植月光曲’（‘Shangzhi Yueguangqu’，图4-43）

亲本：*C. japonica*‘Hakuhan Kujaku’ × *C. handelii*

起源：由中国的张亚利女士2011年杂交，2015年首次开花，并由奉树成、张亚利、李湘鹏、郭卫珍、宋垚、莫健彬、周永元观察筛选而得，2017年获批国家林业局新品种保护。

观赏特性：灌木，开张，枝条略下垂；叶披针形，叶片长6～8cm，宽2～3cm，叶片光泽中等，深绿色，叶尖长尾尖。花芽顶生和腋生，花径4～6cm，单瓣型，基部与雄蕊相连约5mm，花瓣长1.5～3cm，宽1.5～2.5cm，花粉色，花瓣边缘粉色（68D），中部浅粉色（69A-D），花瓣5～8枚。雄蕊数量中等，环形或蝶形，基部连生，长约2cm，无瓣化；子房无毛，花柱长约1～2cm，柱头3～4裂，分裂浅（裂片长0.1～0.3cm），雌蕊雄蕊近等高。单次开花，花期中（上海地区3～4月）。

图4-42 '上植欢乐颂'

图4-43 '上植月光曲'

图4-44 '上植华章'

4.2.3 肖长尖连蕊茶

'上植华章'（'Shangzhi Huazhang'，图4-44）

亲本：*C. japonica* 'Mo Yulin' × *C. subacutissima*

起源：由中国的张亚利女士2009年杂交，2015年首次开花，并由奉树成、张亚利、郭卫珍、李湘鹏、莫健彬、宋垚、周永元观测和筛选而得，2017年获批国家林业局新品种保护。

观赏特性：灌木，半开张；叶中等卵形，叶片长2～10cm，宽3～5cm。花芽顶生和腋生，花径5～7cm，半重瓣至牡丹型，花淡粉红色（58B-D)，花瓣数量约15～20枚。雄蕊数量中等，筒形或簇生形，基部连生1～2mm，花丝花药部分瓣化；子房无毛，花柱长2～2.5cm，柱头3裂，分裂中等（裂片长0.5～1.0cm)，少量柱头畸形，雌蕊雄蕊近等高。单次开花，花期中（上海地区2月下旬～4月上旬）。

除了以上几个新增加的用于束花茶花育种的连蕊茶组资源之外，21世纪的束花茶花育种向着更加多元化的组合发展。主要体现在前述Heartwood Nursery报道的品种。

4.3 其他束花品种

在整理以连蕊茶组资源为亲本的束花茶花品种过程中，也有部分品种亲本信息不完善，但从其花蕾的着生方式、花的特征等方面，可以明显地看出后生山茶亚属资源的身影，作者也对该类品种进行了整理。

在这些具有束花茶花特质的品种中，多为以西南红山茶（*C. pitardii* var. *pitardii*）为母本、父本不详的机遇苗，如‘Our Melissa’、‘Autumn Herald’等品种（图4-45）。

通过对束花茶花品种的梳理，我们可以较为清晰地看出束花茶花育种的过去、现在与将来。在连蕊茶组的应用中，连蕊茶组原种约49种，目前用于束花茶花育种的约10余种，已见报道的品种近300种；在毛蕊茶组的应用中，毛蕊茶组目前用于束花茶花育种的约1～2种，已见报道的品种有‘Juncal’等。

图4-45 其他束花茶花品种（图片来源：J. Trehane著*Camellias: The Gardener's Encyclopedia*）

第5章

束花茶花的杂交育种

在前述的章节中，我们对束花茶花的育种发展进程、育种资源、束花茶花品种等内容进行了概述，而从本章开始，作者将重点介绍上海植物园茶花研究人员近年来在束花茶花育种方面的成功与失败经验，从而为茶花爱好者、研究者提供借鉴，让束花茶花从传统的杂交育种、适应性研究、技术开发、分子机理探索等方面，实现从应用研究到基础研究再到应用研究的可持续发展。

5.1 育种目标

作为概念性的表述，育种目标即对所要育成品种的要求，是指在一定的生态、生产条件下，对所要育成品种应具备一系列优良性状的要求指标。育种目标是育种工作的依据和指南，在开展束花茶花育种的前期，和其他的植物育种一样，首先要确定育种目标，将育种的人力、物力、财力和新途径、新技术等合理充分地发挥出来，才能提高育种效率，达到事半功倍的效果。

5.1.1 育种目标的确定

以束花茶花育种目标的确定为例，在确定该育种目标前，我们不仅查阅了大量国内外茶花方面的研究报道，更为重要的是对上海的茶花应用情况和存在的问题进行了深入的调查和分析。

1. 气候及土壤条件分析

中国是山茶的发源地，最初栽培始于吴越。吴指现在安徽、浙江、上海和江西的一部分，由此可见长三角是山茶栽培的起源地之一。长三角地区主要包括上海市、江苏省东南部和浙江省东北部，属北亚热带季风气候，四季分明，日照充分，雨量充沛，气候温和湿润，春秋较短，冬夏较长。年平均气温17.6℃，无霜期300天左右。年均降雨量1302mm，但全年50%以上的雨量集中在5～9月的汛期，汛期有春雨、梅雨、秋雨三个雨期。

浙江省和上海市虽然同属于长三角地区，在气候特征上具有一定的相似性，但土壤差异却很大。浙江以酸性壤土为主，而上海则以盐碱土偏多。

2. 应用品种的调查分析

2008年至2010年，上海植物园茶花研究团队以上海市为主，根据上海地区现有公园的性质、面积大小、所属区域及修建年代等因素选择其中的54个公园及绿地进行抽样调查。并在此基础上根据应用面积、应用形式选取其中的20个公园进行详细调查。此外，选取在山茶的栽培应用中具有一定代表意义的上海、南京、苏州、杭州、金华共5个城市作为调查地点。具体调查地点见表5-1。

调研地点统计表 表5-1

调研城市	调查公园
上海	中山公园、鲁迅公园、大宁灵石公园、世纪公园、豫园、蔓趣公园、曲阳公园、共青森林公园、上海植物园、广场公园、复兴公园、静安公园等共54个
南京	情侣园、白马公园、九华山公园、月牙湖公园、中山植物园、莫愁湖公园、南湖公园、白鹭洲公园、东水关公园、绿博园共10个
苏州	拙政园、狮子林、环秀山庄、苏州公园、桐泾公园、桂花公园、金鸡湖、中央公园、网师园、留园共10个
杭州	柳浪闻莺、长桥公园、曲院风荷、花圃、花港观鱼、孤山、中山公园共7个
金华	婺州公园、回溪公园、人民广场、青春公园共4个

调查过程中我们对应用的山茶品种、配植的植物、应用的频率等内容进行了详细的观测和记录。

从我们的调查中发现，在山茶属植物的应用方面，除了茶（*C. sinensis*）、油茶（*C. oleifera*）、攸县油茶（*C. yuhsienensis*）、浙江红山茶（*C. chekiangoleosa*）等少数原种在调查到的公园绿地中有应用之外，各地所应用山茶大部分为传统茶花品种，而茶梅（*C. sasanqua*）品种中，国外品种尤其是日本茶梅品种多见应用，应用频率较高的山茶属资源见表5-2。

山茶属植物在长三角不同城市中的应用分析 表5-2

城市名称	公园（个）	山茶属资源（个）	应用频率超过50%的山茶属资源
上海	54	42	'金心大红'、'红露珍'、'海云红'、'狮子笑'、美人茶（*C. uraku*）、'雪塔'、'大吉祥'、'耐冬'、'六角大红'、'小桃红'、'状元红'、'鸳鸯凤冠'、'东牡丹'、'丹玉'、'立寒'、'秋芍药'、'银元'、'小玫瑰'
南京	10	20	'金心大红'、'海云红'、'金盘荔枝'、'松子'、'狮子笑'、美人茶、'红露珍'、'大吉祥'、'粉六角'、'耐冬'、'六角大红'、'小桃红'、'状元红'、'小玫瑰'
苏州	10	19	'金心大红'、美人茶、'狮子笑'、'小桃红'、'松子'、'耐冬'、'状元红'、'金盘荔枝'、'东牡丹'、'丹玉'、'小玫瑰'
杭州	7	38	'狮子笑'、美人茶、'大红金心'、'状元红'、'松子'、'粉霞'、'葡萄红'、'红露珍'、'小桃红'、'金盘荔枝'、'十八学士'、'六角大红'、'海云红'、'小玫瑰'
金华	4	32	'金心大红'、美人茶、'狮子笑'、'红露珍'、'耐冬'、'金盘荔枝'、'粉十八学士'、'六角大红'、'白十八学士'、'松子'、'海云红'、'状元红'、'大吉祥'、'小玫瑰'

注：应用频率=品种出现公园个数/花期内调查公园总个数。

各城市应用存在一定的相似性，应用频率较高的有'金心大红'（图5-1）、'红露珍'、美人茶（图5-2）、'金盘荔枝'、'狮子笑'等，同时各城市间也存在差异，如在金华、杭州等地长势及观赏效果均极佳的'金盘荔枝'、'鸳鸯凤冠'、'松子'等，上海应用较少；'花露珍'、'雪塔'、'粉霞'、'东方亮'等华东地区传统茶花品种，各城市公园绿地中鲜有应用。此外，'朱砂红'、'红槟榔'、'花鹤翎'、'紫重楼'、'胭脂牡丹'等传统品种仅见于各地植物园和专类园，公园绿地中少有应用。茶梅品种的应用除广泛栽培引用的'小玫瑰'（'Shishi-gashira'）外，还有'秋芍药'（'Fuji-no-mine'）、'东牡丹'（'Azuma-botan'）、'丹玉'（'Azuma-botan-nishiki'）、'立寒'（'Kanjiro'）、'银元'（'Silver Dollor'）等。

图5-1 '金心大红'

图5-2 美人茶

图5-3 茶花在上海的碱性土壤中黄化严重

在上海，土壤是影响茶花长势的重要限制因子。在我们的调查中，常常能看到枝条稀稀疏疏和叶片枯黄的植株（图5-3），此外，由于花腐病引起的或是花后自然衰败的残花，极大地影响了茶花的园林景观效果。因此，如何寻找既能适应上海气候和土壤条件，又能突破现有品种应用格局，是我们在制定育种目标时需要重点挖掘和创新的方面。

如前所述，20世纪90年代费建国先生培育的束花茶花实生苗是上海乃至国内束花茶花杂交成功的最早报道。2007年，作者首次接触费建国先生杂交获得的束花茶花，并开始了茶花育种相关的研究。

结合国内外的现状、上海的气候和土壤条件、茶花应用现状及上海植物园的优势，最终确定了束花茶花育种的目标。同时，将育种目标和路线层层递进，逐渐让育种的目标更加明晰。

如图5-4，我们首先确定育种的一级目标为：束花茶花，需满足多枚花蕾顶生和腋生的特性；二级目标为观赏特性的丰富，主要包括花型（托桂型、玫瑰重瓣型等）、花色（红色、黄色等）以及芳香；三级目标为适应性，主要开展耐盐碱、耐高温等育种工作。通过一级和三级目标的确定，可以进一步从连蕊茶组原种及其培育的F1和F2代束花茶花品种中选择亲本，而二级目标和三级目标则为另一个亲本的选择提供了依据与空间。

5.1.2 育种效率的提升

育种目标确定后，实现育种目标的途径直接决定了育种的效率。就如同你想去旅行，是走到哪里算哪里呢？还是准备好一张地图，确定旅行路线？显然，后者远远高于跟着感觉走的效率。但现实中，往往会出现“大概差不多”、“什么花开就杂交什么”的现象，这也是育种效率比较低的一个重要原因。目前越来越多的育种者意识到这一点并随之改进。

此外，还有一种低效率的表现很容易被忽视：很多育种者开展了大量的种内杂交，结实率很高，貌似育种效率也很高，但是实际的结果是一方面杂交出来的实生苗可优选出来的不多、特异性不显著，另外一方面也忽视了土地、人工等成本，与成本效益原则相去甚远。例如，作者在上海植物园开展束花茶花育种10年，为了方便研究和观察，育种基地设在寸土寸金的上海市徐汇区，土地成为稀缺的资源，如果一味地盲目追求结实率，势必造成土地紧张与养护管理成本增加。或许很多的育种者没有面临此类问题，但随着城市化的加剧，无论是科研育种还是产业育种，都是在今后的种质创新中应该加以考虑的问题。

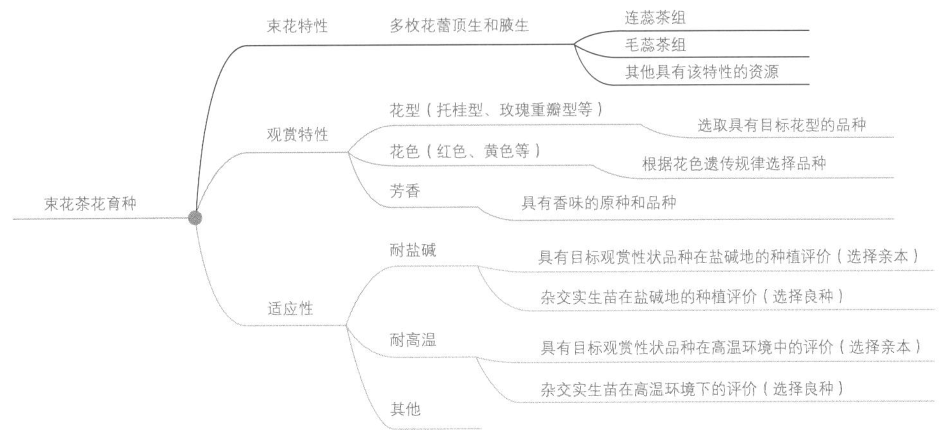

图5-4 束花茶花育种目标

5.2 资源收集

种质资源是最强有力的竞争力，也是育种的首要和必要条件。根据前述的育种目标，我们把资源的收集定位在两类资源上。一类是以连蕊茶组和毛蕊茶组为主的束花和芳香资源的收集，一类是具有高观赏性和适应性的山茶属资源的收集。

5.2.1 原种的收集

根据我们的育种目标，山茶属后生山茶亚属的连蕊茶组和毛蕊茶组原种，毋庸置疑地成为我们资源收集的重点，同时结合香花、花色、抗性等育种目标，金花茶组、短柱茶组、油茶组等也进入收集范围。

第3章对束花茶花育种资源进行了较为详细的介绍，此处不再赘述，通过这些资源的收集，我们一方面希望通过不同组与后生山茶亚属原种的杂交，培育束花茶花F1代，同时也希望实施山茶属其他组间的杂交，培育出能够用于束花茶花杂交的中间体，如杜鹃红山茶（*C. azalea*）多季开花特性在束花茶花培育中的应用，从而缩短开花周期，提高育种效率。

5.2.2 品种的收集

目前，茶花已经拥有3万多个不同花型和花色的品种。随着国际交流的日渐频繁，大量的国外品种引入中国，导致国内茶花市场上国内传统品种逐渐减少，甚至造成一些优秀品种的缺失。因此，在品种的收集中，不仅需要收集和保护中国传统茶花品种，同时结合育种需求，开展国内外可用于束花茶花育种的品种资源收集。目前，综合品种保护、展示和育种三大需求，已收集和保护茶花品种资源近400份，其中云南山茶（*C. reticulata*）品种34份、现代茶花品种近200份、传统茶花品种50余份。同时，注重收集日本、澳大利亚、美国等国的束花茶花资源。

1. 中国传统山茶品种

中国传统山茶品种是中国茶花发展史上历经数百年，甚至上千年，留下来的高观赏性和适应性的品种，随着国外品种的不断引进，中国传统山茶品种在苗圃中的繁殖生产日渐减少，而保护和利用这些品种就显得尤为重要。上海植物园作为一个植物收集、保护和展示的窗口，也希望在保护传统品种方面做一点力所能及的工作。目前，主要收集了图5-5所示的品种，并对其在上海的主要观赏特性进行了观察记录。

2. 国内外茶花品种

在国内外茶花资源的收集中，主要根据我们的二级育种目标来选择，重点收集深红色系、托桂型、芳香等特色的国外山茶品种，在提升山茶适应性的同时注重丰富花色、花香、花型等观赏特性。收集的资源主要包括云南山茶、山茶和茶梅品种。

1954年，庄茂长等同志代表上海园场管理处历尽艰辛，首次引种23个品种300余株大树云南山茶落户上海植物园培养，成为当时“百花展”上民众最喜爱的明星，并于1959年5月由上海科学技术出版社出版了《云南山茶花》一书。但由于云南山茶在上海气候和土壤条件下的不适应，未能实现在上海常见和常用。2013年，结合展示和育种双方面的需求，上海植物园再次启动云南山茶的引种工作，目前，经过四年的努力，云南山茶花已经逐渐适应上海的气候条件，开始开枝散叶，慢慢恢复了正常生长，也将成为我们育种的备选资源（图5-6）。在云南山茶中，其高大的株型、艳丽的花色正是束花茶花育种所需要丰富的内容，同时，通过与连蕊茶组等具有束花特性的原种杂交，可提高F1代对不同气候和土壤条件的适应性。

除了云南山茶之外，收集的重点还有山茶和茶梅品种（图5-6）。如‘黑蛋石’（‘Black Opal’）、‘黑魔法’（‘Black Magic’）等深红色系品种以及‘玉之浦’（‘Tama-no-ura’）等复色系品种的收集，从而改良现有束花茶花品种的花色；又如‘卜伴’（‘Tinsie’）等托桂型品种的收集，能够改良束花茶花品种的花型等。

1
2
3
4
5
6
7
8
9
10
11
12
13
14
15
16
17
18
19
20
21
22
23
24
25
26
27
28

1—'小桃红'； 2—'鸳鸯凤冠'； 3—'白宝珠'； 4—'粉十八学士'； 5—'白十八学士'； 6—'红十八学士'； 7—'花十八学士'；
8—'雪塔'； 9—'白芙蓉'； 10—'红芙蓉'； 11—'粉芙蓉'； 12—'绯爪芙蓉'； 13—'松子'； 14—'新松花'；
15—'松花片'； 16—'红露珍'； 17—'花露珍'； 18—'状元红'； 19—'狮子笑'； 20—'粉霞'； 21—'花宝珠'；
22—'海云红'； 23—'四面景'； 24—'大吉祥'； 25—'金盘荔枝'； 26—'点雪'； 27—'东方亮'； 28—'金奖牡丹'；
29—'大朱砂'； 30—'秋牡丹'； 31—'花牡丹'； 32—'六角白'； 33—'白三学士'； 34—'粉三学士'； 35—'大红绣球'；
36—'粉嫦娥彩'； 37—'白嫦娥彩'； 38—'红嫦娥彩'； 39—'粉丹'； 40—'胭脂莲'； 41—'白斑胭脂莲'； 42—'紫金冠'；
43—'早春大红球'； 44—'花鹤翎'； 45—'花佛鼎'； 46—'新桃宝珠'； 47—'霞光万道'； 48—'大红宝塔'

图5-5 部分中国传统山茶品种

1—‘柳叶玫红’；2—‘菊瓣’；3—‘丹顶鹤’；4—‘粉通草’；5—‘靖安茶’；6—‘连蕊’；7—‘百泽玛瑙’；8—‘百泽桃花’；9—‘云针’；10—‘新紫’；11—‘圣诞红’；12—‘卜伴’（‘Tinsie’）；13—‘黑魔法’（‘Black Magic’）；14—‘龙火珠’（‘Dragon Fireball’）；15—‘孔雀椿’（‘Hakuhan Kujaku’）；16—‘玉之浦’（‘Tama-no-ura’）；17—‘媚丽’（‘Tama Beauty’）；18—‘酒中花’（‘Flower in Sake’）

图5-6 部分云南山茶、山茶及茶梅品种

5.3 亲本选择

亲本的选择决定了育种的成败，同时也是提高育种效率的关键。在杂交育种正式开始前，首先弄清候选亲本的遗传背景，并以此为依据，找到亲缘关系比较接近的亲本。从理论上说，亲缘关系越是相近，几个亲本之间的杂交配合力就越高，即亲和性越好，能得到后代的机会就越大。

5.3.1 亲本的配对选择

对于山茶属这个古老而又庞大的植物家族而言，核型分析的工作量无疑是巨大的，尤其是多倍体的原种，对研究人员眼力、耐力以及科学的判断力更是考验。本书对已报道的山茶属部分原种的染色体核型进行了归纳和总结（表5-3），从而为育种工作提供更便捷的查询和参考。

山茶属部分原种的染色体核型特征统计表 表5-3

组名、种名	2n	核型				平均臂比（AR）	类型	文献引证
		m	sm	st	sat			
连蕊茶组（*Camellia* Sect. *Theopsis* Cohen-Stuart）								
琉球连蕊茶（*C. lutchuensis*）	30	18	9	3				Kondo，1975
	30	16	8	6				Kondo *et al.*，1979
尖连蕊茶（*C. cuspidata*）	30	15	13	2				Kondo，1975
	30	21	8	1		1.68	2A	Gu *et al.*，1992
细尖连蕊茶（*C. parvicuspidata*）	30	24	6			1.53	1A	黄少甫等，1987
九嶷山连蕊茶（*C. jiuyishanica*）	30	22	8			1.49	2A	Gu *et al.*，1992
七瓣连蕊茶（*C. septempetala*）	30	21	9			1.49	2B	Gu *et al.*，1992
红花七瓣连蕊茶（*C. septempetala* var. *rubra*）	30	23	7			1.49	2A	Gu *et al.*，1992

续表

组名、种名	2n	核型 m	sm	st	sat	平均臂比（AR）	类型	文献引证
毛花连蕊茶（*C. fraterna*）	90	59	29	2				Kondo，1977
蒙自连蕊茶（*C. forrestii*）	30	16	12	2				Kondo，1984
	30	22	6	2		1.58	2A	Xiao，1991
	60	40	14	6		1.67	2A	Xiao，1991
	60	39	19	2				Kondo，1975
	90	62	22	6		1.56	2B	Xiao，1991
云南连蕊茶（*C. tsaii*）	60	38	21	1				Kondo，1991
贵州连蕊茶（*C. costei*）	30	21	7	2	2			顾志建，1997
金屏连蕊茶（*C. tsingpienensis*）	30	21	5	4	4			Kondo，1991
岳麓连蕊茶（*C. handelii*）	30	26	4			1.46	1A	漆龙霖等，1991
厚柄连蕊茶（*C. crassipes*）	30,90							Kondo，1991；顾志建，1988
毛蕊柃叶连蕊茶（*C. euryoides* var. *nokoensis*）	30							Ackerman，1980
长果连蕊茶（*C. longicarpa*）	30							Kondo，1990
能高连蕊茶（*C. nokoensis*）	30							Kondo，1977
玫瑰连蕊茶（*C. rosaeflora*）	90							Kondo，1977
南投秃连蕊茶（*C. transnokoensis*）	90							Kondo，1977
毛蕊茶组（*Camellia* Sect. *Eriandria* Cohen-Stuart）								
长尾毛蕊茶（*C. caudata*）	60	42	16	2				顾志建等，1997
柳叶毛蕊茶（*C. salicifolia*）	30	20	10		2			Fukushima，*et al.*，1966
文山毛蕊茶（*C. wenshanensis*）	30	20	8	2			2A	吕华飞等，1993

上表的核型表达式所显示的m、sm、st分别代表了中着丝粒染色体、近中着丝粒染色体和近端着丝粒染色体；而sat并非指一类染色体，它表示的是染色体末端可能出现的随体结构。此外，染色体长臂与短臂长度之比称为臂比，而染色体组中所有染色体的平均臂比（AR）也是核型分析的一项重要参数，它从数值上显示了染色体组整体形态。

与山茶属其他植物一样，表中后生山茶亚属体细胞染色体的基数n=15，且染色体组均属于原始的对称类型。表中各物种染色体总数2n从30、60到90，呈现不同倍性的变化；其中二倍体最多，而多倍体中以四倍体和六倍体为主。琉球连蕊茶（*C. lutchuensis*）、尖连蕊茶（*C. cuspidata*）、蒙自连蕊茶（*C. forrestii*）、厚柄连蕊茶（*C. crassipes*）同时具有两种或两种以上的染色体核型。通常认为，若亲本双方体细胞染色体组核型较为相近，则杂交亲和性更高；选择染色体数较多或染色体倍性高的植株作母本，则其杂交成功的概率比选择染色体数较多或染色体倍性高的植株作父本更大。另外，若亲本染色体数目，特别是染色体核型特征相差过大，则杂交不易成功。通过对染色体数目的了解，我们可以有的放矢地选择亲本，可以选择染色体倍数相近的，也可以挑战染色体倍数差异较大的。

根据染色体核型分析方法，山茶属的染色体类型有1A、2A、2B共三种类型，其中1A型为最对称型，2B型的对称性最差，而认为不对称的进化程度更高，可以推断七瓣连蕊茶（*C. septempetala*）与部分蒙自连蕊茶（*C. forrestii*）的进化程度相对较高。

5.3.2 亲本的地域性选择

在育种前除全面了解亲本的遗传信息外，亲本的“身体”状况也尤为重要，尤其是母本。

首先如果以后生山茶亚属的原种作为母本，由于束花茶花的花蕾数量多，养分消耗大，最好能提前疏蕾，保障养分的后期供给。

其次，如果选择其他亚属的种或品种作为母本，该母本如果是土生土长的资源，无疑会让育种的成功率显著提高，如：在广西用金花茶育种，在广州用杜鹃红山茶育种。因此，在上海做束花茶花育种的过程中，我们注重选择在上海从种子培养起来的资源作为亲本。

结合前期费建国先生在深红色系和黄色系茶花育种方面的基础，我们筛选出部分结实率高、观赏性强的实生苗，同时进行新品种的登录，作为茶花育种的部分亲本。目前主要包括以下品种：

1. 深红色系

（1）‘墨红刘海’（*C. japonica* ‘Mohong Liuhai’，图5-7）

亲本：父本为山茶品种‘墨色刘海’，母本为山茶品种‘金心大红’。

起源：由费建国先生在1995年左右杂交培育，费建国、胡永红、张亚利、刘炤于2012年筛选而得。

观赏特性：花黑红色（Red Group 53-B），有蜡质感，半重瓣型，花瓣15～21枚，中到大型花，花径7～11cm，花瓣宽圆，先端略凹，部分花瓣面有褶皱，花顶生，每个枝着生花蕾1～2个，开量中等。花期3月初～4月下旬，长达50天以上。成熟叶片浓绿色，长6.28±0.15cm，宽3.37±0.08cm。植株紧凑，常绿小乔。

（2）‘墨玉鳞’（*C. japonica* ‘Moyulin’，图5-8）

亲本：父本为山茶品种‘墨色刘海’，母本为山茶品种‘金心大红’。

起源：由费建国先生在1995年左右杂交培育，费建国、胡永红、张亚利、刘炤于2012年筛选而得。

观赏性状：花黑红色（Red Group 53-B），有蜡质感，半重瓣型，花瓣20～26枚，中型花，花径7～9cm，花瓣长卵圆形，先端略凹，瓣缘外翻，呈裂开的松果状排列。花顶生，每个枝着生花蕾1～2个，花量中等。花期3月中旬～4月下旬，花期40天左右。成熟叶片浓绿色，长6.28±0.15cm，宽3.37±0.10cm。植株紧凑，常绿小乔。

图5-7 ‘墨红刘海’

图5-8 ‘墨玉鳞’

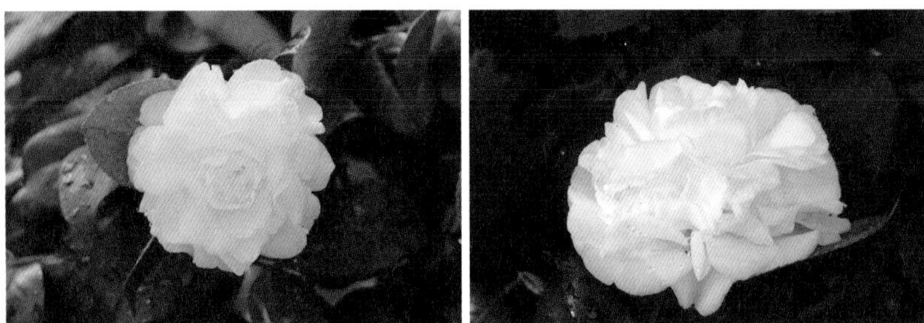

图5-9 ‘玉之台阁’

图5-10 ‘玉之蝶舞’

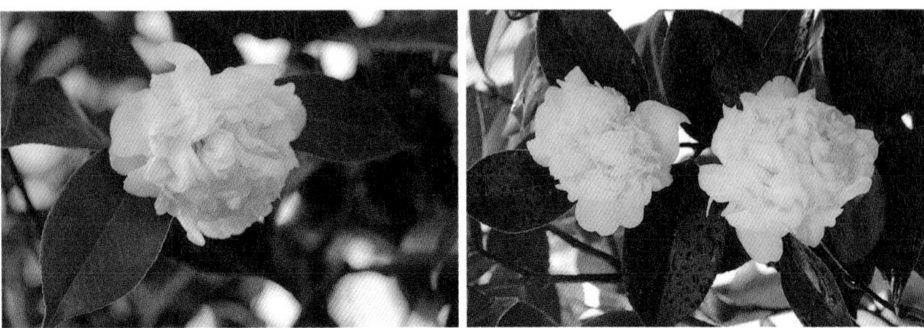

图5-11 ‘玉之芙蓉’

2. 白色系

（1）'玉之台阁'（*C. japonica* 'Yuzhi Taige'，图5-9）

亲本：父本为山茶属原种博白大果油茶（*C. gigantocarpa*），母本为'白蝴蝶'（*C. japonica* 'Bai Hudie'）。

起源：由费建国先生在1999年冬杂交培育，费建国，奉树成、张亚利、莫健彬、李湘鹏于2014年筛选而得。

观赏性状：灌木，开张；枝叶繁密，嫩枝黄褐色，芽绿色，单生，偶有双生。叶宽椭圆形，水平，叶薄，质地软，叶背无毛，叶脉弱，叶片光泽弱，叶绿色或深绿色，叶椭圆形，横截面平坦或内折，叶缘粗齿状，叶基楔形，叶尖渐尖，叶柄短。花芽顶生，萼片覆瓦状排列，椭圆形或卵形，褐色；花径中，托桂型或牡丹型，花瓣顶端微凹，边缘全缘，花瓣椭圆形，花白色，雄蕊无，花丝及花药全部瓣化，柱头分裂中等，花期12月至翌年1月。

（2）'玉之蝶舞'（*C. japonica* 'Yuzhi Diewu'，图5-10）

亲本：父本为山茶属品种'白宝珠'（*C. japonica* 'Bai Baozhu'），母本为'白蝴蝶'（*C. japonica* 'Bai Hudie'）。

起源：由费建国先生1999年冬进行杂交，2004年首次开花。2014年，费建国，奉树成、张亚利、莫健彬、李湘鹏筛选而得。

观赏性状：小乔木，株型开张；枝叶繁密，嫩枝黄褐色，芽绿色，单生。叶椭圆形，略下垂，叶厚度中，质地中，叶背无毛，叶脉中度呈现，叶片光泽中，绿色，叶椭圆形，横截面平坦，叶缘粗齿状，叶基楔形，叶尖长尾尖，叶柄0.6～1.4cm。花芽顶生，萼片覆瓦状排列，椭圆形，绿色；花径中（7.5～10cm），半重瓣到托桂重瓣型，花瓣顶端微凹，边缘全缘，花瓣椭圆或倒心形，15～26枚，花白色，雄蕊数量中等，筒形排列基部连生，花丝花药部分瓣化，柱头3～5裂，少量柱头畸形，分裂中等，雌蕊低于雄蕊，子房无毛，单次开花，花期中。

（3）'玉之芙蓉'（*C. japonica* 'Yuzhi Furong'，图5-11）

亲本：父本为山茶属品种'白宝珠'（*C. japonica* 'Bai Baozhu'），母本为'白蝴蝶'（*C. japonica* 'Bai Hudie'）。

起源：由费建国先生1999年冬进行杂交，2004年首次开花。2014年，费建国、奉树成、张亚利、莫健彬、李湘鹏筛选而得。

观赏性状：小乔木，直立；枝叶繁密，嫩枝红褐色，芽绿色，单生。叶椭圆形，上斜或水平，近羽状排列或近十字状排列；叶片厚度中等，质地中，叶背无毛，叶脉中；叶片光泽中等，绿色，叶面无斑点，横截面平坦；叶缘细齿状，叶基楔形，叶尖渐尖或长尾尖，叶柄短。花芽顶生，萼片覆瓦状排列，卵形，黄绿色；花冠中，托桂型或牡丹型，花瓣顶端全缘或微凹，边缘全缘，花瓣圆形或卵形，瓣脉无，花径中（7～8cm），花白色，外轮花瓣偶显浅粉色，外轮花瓣2轮，花药部分或全部瓣化，基部连生，柱头三浅裂，子房无毛，能结实。上海地区11月中旬至翌1月中旬。

5.4 花粉采集与保存

亲本选择和配对确定后，接下来进行花粉的准备。主要包括采集和保存两个部分。结合作者近5年的花粉保存研究和近10年的茶花杂交育种工作，本章对山茶花粉的采集与保存分步骤详述如下。

5.4.1 花粉的采集

花粉一般要采集于未开放的花蕾（通常指大蕾期即将开放的花蕾，根据种或品种的不同，适合采集的花蕾状态存在差异），在首次采集某个种或者品种的花粉时，可先去掉部分花瓣，通过评估花药是否败育、花药开裂程度等情况采取不同的方法完成花粉的采集工作。

1. 多种（品种）混植的情况（图5-12）

步骤1——采集花蕾：在晴天采集花瓣松动的花蕾，将采集的花蕾装于自制的纸袋或者信封中，带回室内。

步骤2——去除花瓣：去掉花瓣，将带花梗的花蕾依次摆放在硫酸纸上，于室温条件下待花药自然开裂［花药开裂时间根据品种（种）及采集时间会有所不同，一般在24小时以内］。

步骤3——获取花粉：花药开裂后，用镊子夹住花柄或者徒手捏住花柄，让花药轻轻碰触硫酸纸，使花粉脱离花药，散落在预先准备好的硫酸纸上，依次逐个将花粉从花药中分离。

步骤4——包装花粉：慢慢将花粉从硫酸纸上转移并分装至离心管中备用，并做好标注。

2. 单一种（品种）种植或者开花的情况

可以直接于清晨选择刚刚开放的花朵，去掉花瓣，直接参照上文“1. 多种（品种）混植的情况”中的步骤3、步骤4进行花粉的收集。

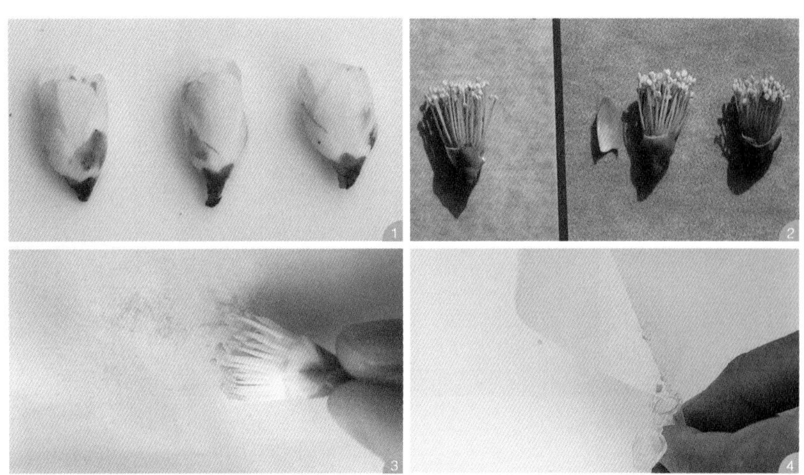

1—采集花蕾； 2—去除花瓣； 3—获取花粉； 4—包装花粉

图5-12 花粉收集（以毛花莲蕊茶为例）

3. 花粉量小的种和品种

可以对上文“1. 多种（品种）混植的情况”步骤2、步骤3调整如下：

步骤2：去掉花瓣，将花药轻轻从花丝上分离至硫酸纸上，于室温下待花药自然开裂。

步骤3：直接将花粉和花药收集入离心管，并做好标注。

备注：此法一般适用于马上应用或者短期保存花粉。

5.4.2 山茶花粉的贮藏

在植物杂交育种中，往往出现时空不遇的现象。比如从远距离的国家或野外采集的花粉，如何带到杂交地；晚花期的花粉如何来年和早花品种授粉等问题。根据花粉拟保存的时间，可以采用以下方法进行简易保存。

分装花粉放入离心管中（图5-13），然后置入放有硅胶的密封容器中。根据花粉在杂交中的使用时间确定贮藏方法。

（1）冰箱保存：1周内可保存于冷藏室（约5℃）；1～2个月可保存于冷冻室（约-20℃），适用于当年杂交中晚花期品种做母本的情况。

（2）超低温冰箱（约-70℃）：适用于第二年以早花品种为母本进行杂交的情况，一般可以保存1～2年，根据不同种（品种）的特性，保存时间存在差异。

（3）液氮罐（约-196℃）：适用于野外或者异地采集花粉，以及花粉的长期保存等情况。

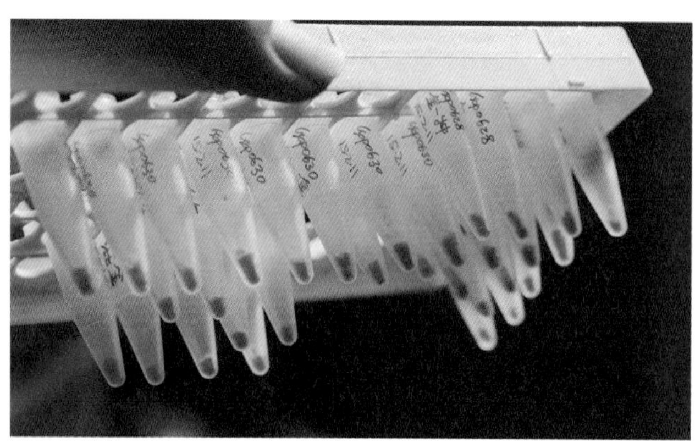

图5-13　山茶花粉的储藏

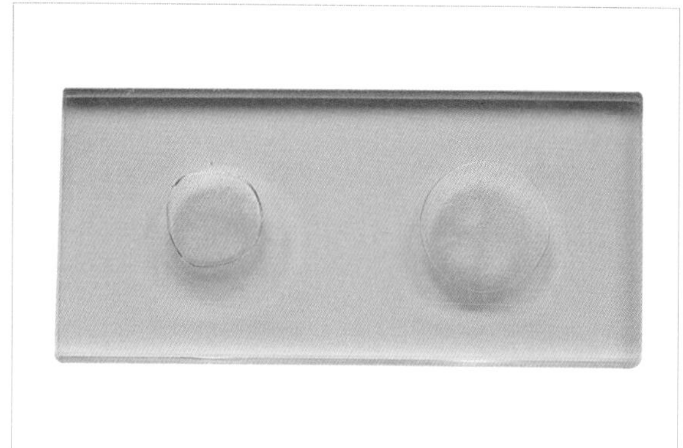

图5-14　花粉活力的测定

5.4.3　花粉生活力测定

在有条件的情况下，可以对花粉的活力进行测定，保障授粉的花粉为有活力花粉。简易方法可采用液体培养基悬滴法：

1. 培养条件

培养液可以采用15%蔗糖+300ppm硼酸；培养温度：25℃；培养时间：约4小时。

2. 培养方法（图5-14）

（1）在凹形玻片凹槽内滴上一滴培养液，注意培养液不超过凹面的1/2深度。

（2）在盖玻片对角点少许凡士林（便于与凹形玻片固定），然后用滴管轻轻滴一滴培养液在盖玻片上，用解剖针针尖粘取待检测花粉，慢慢均匀分散花粉于盖玻片的培养液上。

（3）迅速将培养有花粉的盖玻片翻转，粘在凹形玻片的凹槽上。

3. 结果统计

每个处理重复3～5次，每个重复可选取3个视野进行萌发率统计，花粉萌发一般以花粉管长度超过花粉直径的2倍做为统计依据。

5.5 杂交育种

杂交育种的过程很多茶花类书籍都有所涉及，主要包括去雄、授粉、套袋、拆袋、再套袋、采收等步骤（图5-15）。以连蕊茶组或毛蕊茶组等小花型茶花为亲本开展杂交时，除了正常的杂交去雄、套袋、去袋等步骤外，结合作者在上海的育种经验，主要的注意点及细节介绍如下：

5.5.1 杂交花朵的选择

无论是以何种山茶属资源为母本，一般都选择即将开放，花药未开裂的铃铛花，以毛花连蕊茶为例，如图5-16所示，一般选择图中最右边的大蕾期花蕾。

5.5.2 疏蕾

如果以连蕊茶组或毛蕊茶组为母本，由于其开花量极大，杂交过程中一是要疏蕾，以防枝条上的杂交数量过多，营养不足。另外，一定要反复检查杂交套袋的枝条内是否有未疏掉的花蕾，以防出现假杂种。

5.5.3 去雄

以连蕊茶组或毛蕊茶组为母本的情况下，根据其雄蕊和花瓣基部连生的特性，可以不采用剪刀等工具去除花瓣和雄蕊，可以徒手去雄，以提高杂交速度。左手捏住花蕾基部，右手捏住花蕾中部的花瓣，左右各晃动1～2下，即可将整个花瓣和雄蕊去除干净（图5-17）。

1—选择花蕾；　2—去雄；　3—授粉；　4—套袋和挂牌

图5-15　杂交过程（以杜鹃红山茶为例）

图5-16　花蕾及其雌蕊发育状态（以毛花连蕊茶为例）

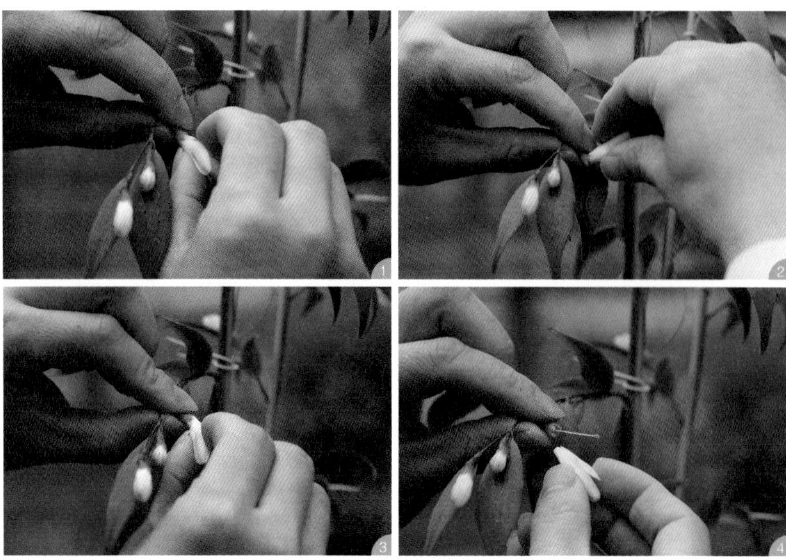

图5-17　徒手去雄过程

图5-18 子房微环境的改善

5.5.4 子房微环境的改善

杂交授粉完成后，一般会用硫酸纸袋套袋，保证杂交不受外界花粉或是蜜蜂干扰。一周后，打开纸袋，如果花柱已经萎蔫，可在去袋的同时用小剪刀将萎蔫的花柱剪掉（一般从雌蕊柱基部剪掉）以防止由于上海天气潮湿和杂交袋内空气流通不畅等原因造成的雌蕊柱发霉。如果是以红山茶、金花茶等山茶属其他组的资源为母本，还要注意及时清除去雄时残留的花瓣和雄蕊，从而提高子房周边微环境的清洁度（图5-18）。

5.5.5 果实与种子的保护

由于以后生山茶亚属资源杂交后的果实或种子一般较小，因此，进入9月份以后，可采用网袋套袋，以防果实开裂没有及时采收造成的种子混杂和亲本无法辨认等情况。

通过以上育种目标的确定与实施，我们的育种工作就可以年复一年地启动、调整和完善，不断收获种子，等待开花，筛选品种。此过程看似简单，却并非一帆风顺。而科研的魅力恰在于此，因为未知，所以探索，从而在不断重复的杂交育种中找到新的起点、难点和亮点。

第6章

東花茶花育种的科学探索

如前所述，在束花茶花的育种过程中会遇到诸多的困惑或是困难。如在上海乃至其他省份，连蕊茶作为母本很难获得杂交后代、山茶属亚属及组间杂交成功率不高、败育以及杂种芳香遗传等问题。而这些实践中发现和遇到的问题，也成为我们进行科学探索的依据和动力。

1973年，阿克曼（W. L. Ackerman）在遗传学杂志（The Journal of Heredity）上发表‘Species Compatibility Relationships within the Genus Camellia’一文，文中指出：在红山茶组、短柱茶组、油茶组、连蕊茶组等几个组中，连蕊茶组是最难在育种中获得成功的一个。在尖连蕊茶（*C. cuspidata*）、毛花连蕊茶（*C. fraterna*）、琉球连蕊茶（*C. lutchuensis*）、能高连蕊茶（*C. nokoensis*）、玫瑰连蕊茶（*C. rosaeflora*）和云南连蕊茶（*C. tsaii*）七种连蕊茶组原种中，能高连蕊茶和云南连蕊茶只能用作父本，其他可以用作母本，即便如此，毛花连蕊茶和琉球连蕊茶用作母本时，杂交成功的环境要求也要相对较高。这是连蕊茶组与山茶属其他组间杂交亲和性相关的最早研究报道。

结合作者在束花茶花育种工作中遇到的问题及目前国内外在该领域的研究进展，作者在杂交败育机理及其拯救、杂种早期鉴定两个方向上逐步开展了相关的探索工作。

6.1 杂交组合亲和性及其败育机理

由于物种间亲缘关系远近的不同，会造成杂交难易程度的不同。在束花茶花的育种中，就如同阿克曼（W. L. Ackerman）在遗传学杂志（*The Journal of Heredity*）上发表的论文中指出的，在山茶属中，连蕊茶组是最难在育种中获得成功的一个。因此束花茶花育种过程中，亲本的亲和性及其败育的原因在科学探索中显得尤为重要。

6.1.1 束花茶花杂交育种的探索

1. 以连蕊茶组原种为母本的杂交探索

2007年至今，在不断完善育种目标和途径的同时，根据前述章节的杂交育种方法，上海植物园的束花茶花研究团队先后尝试了200多个杂交组合，探索束花茶花育种相关的工作。

在上海，毛花连蕊茶等原种结实量远远高于山茶、油茶等组的资源，加之毛花连蕊茶具有花香，所以育种过程中首选其作为母本展开，但遗憾的是，在尝试的近60个杂交组合中未收到一粒杂交种子。除了毛花连蕊茶之外，琉球连蕊茶等已有应用的连蕊茶组资源以及岳麓连蕊茶等未见杂交报道的资源，作者都进行了杂交尝试，也均未获得成功（表6-1）。

在国外，已有采用尖连蕊茶、毛花连蕊茶等连蕊茶组资源为母本获得F1代束花茶花的报道。然而在我们目前的杂交组合中，均以失败告终。接下来，我们进行了不同授粉方式、授粉时期等克服败育的尝试。

以连蕊茶资源为母本的杂交组合

表6-1

母本	父本	杂交数量
毛花连蕊茶	崇左金花茶	43
	杜鹃红山茶	73
	‘黑尔片’	174
	‘孔雀玉浦’ ‘Tama Peacock’	232
	‘龙火珠’ ‘Dragon Fireball’	13
	‘玫玉’	15
	越南抱茎茶	130
	‘香屋’ ‘Scented Treasure ‘	30
	茶梅	5
	‘小玫瑰’	51
	金花茶	104
	‘粉香变’ ‘Fragrant Pink Improved’	3
	杜鹃红山茶	50
	‘新世纪’	95
	杜鹃红山茶	50
	越南抱茎茶	43
	‘墨红刘海’	120
岳麓连蕊茶	金花茶	80
	‘媚丽’	80
	‘红太阳’	126
	‘墨玉鳞’	113
长管连蕊茶	‘孔雀椿’	19
	‘新世纪’ ‘New Century’	26
大萼连蕊茶	‘客来邸’ ‘Collettii’	76
柃叶连蕊茶	‘黄惊喜’	47
微花连蕊茶	凹脉金花茶	80
	‘墨红刘海’	62
	杜鹃红山茶	58
	‘黄惊喜’ ‘Astonished Yellow’	19
	金花茶	149
	‘烈香’ ‘High Fragrance’	112
	越南抱茎茶	75
	‘金盘荔枝’	50
	‘墨玉鳞’	51
	‘花宝珠’	53
	‘孔雀椿’ ‘Hakuhan Kujaku’	139
	‘媚丽’ ‘Tama Beauty’	55
琉球连蕊茶	‘烈香’	12
	‘圣诞红’	30
	‘串花瀑布’ ‘Wirlinga Cascade’	12
	金花茶 *C. nitidissima*	20
	‘孔雀玉浦’	40
	‘烈香’	12
	‘圣诞红’	30
岳麓或贵州连蕊茶	‘串花瀑布’	7
	‘黑尔片’	32
	‘可陀香’ ‘Koto-no-kaori’	17
	‘孔雀玉浦’	39
	‘烈香’	12
	‘龙火珠’	38
	越南抱茎茶	23

目前，解决杂交不亲和的常用方法包括：（1）在亲本A与B杂交难以成功的情况下，引入与A或B杂交亲和性更好的"桥梁"物种C；即采取"三亲本杂交"的策略，用两种亲本A与C或B与C杂交所得F1代植株作为母本，再与第三个亲本B或A杂交。（2）采取蕾期和延迟授粉法。由于未成熟或过成熟时期，雌蕊不含有能引起杂交不亲和性的物质，或其含量极少；因此，可选择在这一特殊时期对"不具备自我识别能力"的雌蕊授粉，以增大异源花粉粒萌发的机会。（3）混合授粉和多次重复授粉。在父本花粉内掺入少量其他与母本亲和的品种或母本自身的花粉，也有可能促进花粉粒获得雌蕊柱头"认证"，并顺利完成随后吸水萌发的生理过程；同时，辅之重复授粉方法以消耗掉柱头上的识别蛋白也可促使异源花粉萌发与花粉管生长。（4）雌蕊涂抹。即对雌蕊施用一定浓度的硼酸、KCl溶液或各类外源激素以提高杂交结实率。（5）离体受精。采用切割柱头、柱头嫁接、子房切断、半体内授粉-胎座嫁接花柱授粉等方法提高受精率。

以毛花连蕊茶、微花连蕊茶和岳麓连蕊茶作为试验材料，作者采用了两种不同的授粉方法，以观察它们的杂交坐果情况。

不同授粉方法下以毛花连蕊茶为母本的杂交结果（2010～2011年） 表6-2

授粉方法	母本（连蕊茶组）	父本	授粉数（朵）	坐果数（个）	坐果率（%）
提前授粉	毛花连蕊茶	'墨玉鳞'（红山茶组）	24	0	0
提前授粉	毛花连蕊茶	'墨红刘海'（红山茶组）	29	0	0
提前授粉	毛花连蕊茶	杜鹃红山茶（红山茶组）	25	0	0
提前授粉	毛花连蕊茶	金花茶（金花茶组）	30	0	0
提前授粉	毛花连蕊茶	越南抱茎茶（古茶组）	30	0	0
延迟授粉	毛花连蕊茶	'墨玉鳞'（红山茶组）	30	0	0
延迟授粉	毛花连蕊茶	'墨红刘海'（红山茶组）	35	0	0
延迟授粉	毛花连蕊茶	越南抱茎茶（古茶组）	21	0	0
延迟授粉	毛花连蕊茶	金花茶（金花茶组）	32	0	0
处理a	毛花连蕊茶	'新世纪'（红山茶组）	25	0	0
处理a	毛花连蕊茶	金花茶（金花茶组）	20	0	0
处理a	毛花连蕊茶	越南抱茎茶（古茶组）	36	0	0
处理a	毛花连蕊茶	浙江红山茶（红山茶组）	29	0	0
处理b	毛花连蕊茶	金花茶（金花茶组）	35	0	0
处理b	毛花连蕊茶	'金盘荔枝'（红山茶组）	22	0	0
处理b	毛花连蕊茶	孔雀椿（红山茶组）	40	0	0
处理b	毛花连蕊茶	越南抱茎茶（古茶组）	31	0	0
处理c	毛花连蕊茶	金花茶（金花茶组）	45	0	0
处理c	毛花连蕊茶	越南抱茎茶（古茶组）	30	0	0

续表

授粉方法	母本（连蕊茶组）	父本	授粉数（朵）	坐果数（个）	坐果率（%）
处理c	毛花连蕊茶	杜鹃红山茶（红山茶组）	28	0	0
处理c	毛花连蕊茶	‘墨玉鳞’（红山茶组）	25	0	0
提前授粉	微花连蕊茶	‘金盘荔枝’（红山茶组）	25	0	0
提前授粉	微花连蕊茶	浙江红山茶（红山茶组）	30	0	0
提前授粉	微花连蕊茶	金花茶（金花茶组）	20	0	0
延迟授粉	微花连蕊茶	‘墨玉鳞’（红山茶组）	35	0	0
延迟授粉	微花连蕊茶	‘墨红刘海’（红山茶组）	35	0	0
处理a	微花连蕊茶	‘金盘荔枝’（红山茶组）	30	0	0
处理a	微花连蕊茶	‘烈香’（红山茶组）	25	0	0
处理a	微花连蕊茶	金花茶（金花茶组）	21	0	0
处理b	微花连蕊茶	杜鹃红山茶（红山茶组）	35	0	0
处理b	微花连蕊茶	‘新世纪’（红山茶组）	30	0	0
处理b	微花连蕊茶	金花茶（金花茶组）	20	0	0
处理c	微花连蕊茶	‘金盘荔枝’（红山茶组）	31	0	0
处理c	微花连蕊茶	‘墨红刘海’（红山茶组）	40	0	0
处理c	微花连蕊茶	金花茶（金花茶组）	25	0	0
提前授粉	岳麓连蕊茶	‘墨玉鳞’（红山茶组）	30	0	0
提前授粉	岳麓连蕊茶	‘墨红刘海’（红山茶组）	30	0	0
提前授粉	岳麓连蕊茶	金花茶（金花茶）	20	0	0
延迟授粉	岳麓连蕊茶	金花茶（金花茶）	20	0	0
延迟授粉	岳麓连蕊茶	‘新世纪’（红山茶组）	25	0	0
延迟授粉	岳麓连蕊茶	浙江红山茶（红山茶组）	31	0	0
处理a	岳麓连蕊茶	金花茶（金花茶组）	21	0	0
处理a	岳麓连蕊茶	‘金盘荔枝’（红山茶组）	33	0	0
处理a	岳麓连蕊茶	‘墨红刘海’（红山茶组）	30	0	0
处理b	岳麓连蕊茶	杜鹃红山茶（红山茶组）	24	0	0
处理b	岳麓连蕊茶	金花茶（金花茶组）	21	0	0
处理b	岳麓连蕊茶	浙江红山茶（红山茶组）	35	0	0
处理c	岳麓连蕊茶	金花茶（金花茶组）	20	0	0
处理c	岳麓连蕊茶	‘墨玉鳞’（红山茶组）	35	0	0
处理c	岳麓连蕊茶	‘墨红刘海’（红山茶组）	32	0	0

注：处理a为15%蔗糖+300ppm硼酸溶液；处理b为15%蔗糖+300ppm硼酸+5mg/L GA_3溶液；处理c为15%蔗糖+300ppm硼酸+100mg/L $CaCl_2$溶液。

从表6-2可以看出，不论是提前授粉、延迟授粉，还是雌蕊涂抹，都未能改善各个组合的结实情况，也没有得到杂交种子。结合阿克曼在遗传杂志上的结论，这些尝试进一步说明以连蕊茶组原种作为母本，对杂交环境要求之高。虽然失败了，但我们还在探索其他的方法，不断总结经验，寻求突破。

2. 以连蕊茶组原种为父本的杂交探索

幸运的是，我们以连蕊茶组资源为父本的杂交探索取得了阶段性的成果。在开展的60多个杂交组合中，有一半的杂交组合都取得了成功（表6-3）。

以连蕊茶和短柱茶组资源为父本的杂交组合（2008~2016年）

表6-3

编号	母本	父本	杂交（朵）	结实（个）	种子（粒）
1	‘白蝴蝶’×博白大果油茶	大花玫瑰连蕊茶（*C. rosaeflora*‘Grande’）	58		38
2	‘大富贵’	岳麓连蕊茶	5	0	0
3	‘黑椿’	琉球连蕊茶	10	0	0
4	‘黑椿’	攸县油茶	5	0	0
5	‘黑蛋石’	琉球连蕊茶	3	0	0
6	‘黑尔片’	琉球连蕊茶	5	0	0
7	‘黑金’	微花连蕊茶	3	2	8
8	‘黄海内宝珠’	蒙自连蕊茶	5	0	0
9	‘黄菊’	细叶连蕊茶	14	0	0
10	‘金盘荔枝’	长管连蕊茶	8	2	4
11		大萼连蕊茶	14	0	0
12		岳麓连蕊茶	15	1	1
13		琉球连蕊茶	10	0	0
14		毛花连蕊茶	12	0	0
15	‘客来邸’	贵州连蕊茶	76	0	0
16	‘孔雀椿’	毛花连蕊茶	37	2	9
17		微花连蕊茶	14	5	7
18		岳麓连蕊茶	56	7	7
19		长管连蕊茶	70	1	1
20		琉球连蕊茶	35	0	0
21		细叶连蕊茶	5	1	1
22		大萼连蕊茶	19	0	0
23	‘烈香’	岳麓连蕊茶	3	0	0
24	‘龙火珠’	毛花连蕊茶	5	1	4
25		岳麓连蕊茶	5	0	0
26	‘媚丽’	岳麓连蕊茶	80	0	0

续表

编号	母本	父本	杂交（朵）	结实（个）	种子（粒）
27	‘墨红刘海’	大萼连蕊茶	15	1	1
28		微花连蕊茶	10	1	1
29		肖长尖连蕊茶	6	1	1
30	‘墨玉鳞’	毛花连蕊茶	91	2	4
31		微花连蕊茶	77	8	15
32		大萼连蕊茶	12	4	5
33		蒙自连蕊茶	12	1	1
34		柃叶连蕊茶	6	/	9
35		肖长尖连蕊茶	5	/	1
36		长管连蕊茶	10	6	15
37	‘小玫瑰’	毛花连蕊茶	22	4	/
38	‘羽衣’×‘白宝珠’	肖长尖连蕊茶	18	3	/
39	56#	岳麓连蕊茶	5	0	0
40	‘黑尔片’	琉球连蕊茶	8	/	4
41		毛花连蕊茶	5	1	5
42		微花连蕊茶	1	1	2
43		贵州连蕊茶	5	/	6
44	凹脉金花茶	微花连蕊茶	80	0	0
45		岳麓连蕊茶	2	0	0
46	‘白鱼尾叶椿’	琉球连蕊茶	16	2	5
47	长柄山茶	‘粉香变’	3	0	0
48	杜鹃红山茶	微花连蕊茶	58	0	0
49	金花茶	琉球连蕊茶	3	0	0
50	杜鹃红山茶	毛花连蕊茶	50	0	0
51	金花茶	贵州连蕊茶	80	0	0
52		毛花连蕊茶	10	0	0
53		岳麓连蕊茶	21	1	
54		柃叶连蕊茶	4	0	0
55		大萼连蕊茶	6	0	0
56	越南抱茎茶	毛花连蕊茶	43	0	0
57		微花连蕊茶	75	0	0
58		蒙自连蕊茶	9	0	0
59		岳麓连蕊茶	18	0	0
60	浙江红山茶	毛花连蕊茶	92	13	26
61		柃叶连蕊茶	59	/	/

注：1. 56#为费建国先生培育的山茶品种，暂未定名。
2. “/”表示未统计结实个数或种子粒数。

图6-1 '墨玉鳞'与肖长尖连蕊茶杂交的果实及实生苗

图6-2 '孔雀椿'与岳麓连蕊茶杂交后的果实及两个实生苗

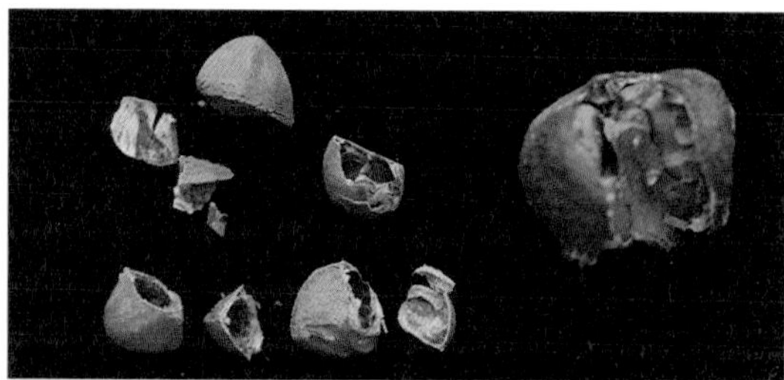

图6-3 杜鹃红山茶与连蕊茶组原种的杂交

图6-4 '小玫瑰'和毛花连蕊茶的杂交实生苗

在60多个组合中，我们尝试了连蕊茶组与红山茶组、金花茶组等资源的组间杂交，杂交亲和性最高的是连蕊茶组与红山茶组间的杂交，进一步看来，'墨玉鳞'（图6-1）、'孔雀椿'（图6-2）等与连蕊茶组原种的杂交结实率最高，而'金盘荔枝'、'媚丽'等品种做为母本的坐果率相对较低。

在红山茶组中，我们也尝试了杜鹃红山茶（*C. azalea*）在束花茶花育种中的应用，但均以失败告终。杜鹃红山茶可以在上海稍加"照顾"的情况下正常生长开花，杂交后有果皮和种皮的发育，但种子却很少或者无法萌发。在杂交过程中，以5～6月份杂交为例，至8～9月份，杂交果实开裂（图6-3），但过早的成熟已经预示了某些不完美，种子几乎是空的，在小小的种皮里面几乎看不到希望。

在与金花茶组的杂交过程中，由于上海冬季低温等原因，金花茶组的资源很难结实。在采用园艺设施栽培的情况下，作者偶尔可以看到金花茶结实，并尝试了连蕊茶组和金花茶组的杂交育种，虽然不像和杜鹃红山茶的杂交那样总是收获空空的果实，作者于2016年收获了金花茶（*C. nitidisima*）和岳麓连蕊茶（*C. handelii*）的种子，遗憾的是，种子未萌发。

在与油茶组的杂交过程中，作者一直希望利用茶梅在上海的适应性及其花叶的特色，寻找束花茶花新的突破。幸运的是2011年收获了以'小玫瑰'和毛花连蕊茶（*C. fraterna*）为亲本的F1代，培育出F1代实生苗1株（图6-4），目前尚未开花。

根据作者不成熟的经验，认为选用原产地的资源作为母本更容易成功。如金花茶（*C. nitidisima*）在广西的育种，杜鹃红山茶（*C. azalea*）在广州的育种，滇山茶在云南的育种。就如同"适地适树"的原则一样，育种亦如此，要多发挥地方特色，并利用地方特色开展创新。

6.1.2 杂交败育机理研究

自花粉粒落到柱头上起，植物的有性生殖过程就正式拉开序幕。可以说，花粉粒与柱头之间相互作用的顺利进行是杂交亲和的首要条件。成熟花粉粒合成的具特异性的外壁蛋白首先在识别上建立起与柱头的联系，当亲本双方亲和时，以下奇妙的过程就会相继发生：（1）首先，作为一种重要物质——柱头上的脂质层会引导水分流向花粉粒，使之在柱头上吸水萌发而穿透柱头。（2）接着，花粉管继续生长而进入花柱道，并穿行于其中的胞间组织中。（3）若干花粉的花粉管进入子房，直至到达胚珠。（4）花粉管顶端破裂，释放出两个精子，其中1个精子与珠孔附近的卵细胞融合，形成受精卵，另1个精子与中央极核融合形成受精极核，至此双受精过程完成。在此过程中，任何一个环节的失败，都会导致杂交的失败。每一个过程都面临着激烈的竞争与考验。例如，柱头上的脂质层就如同一道大门，如果它获得的信号是这个"花粉"不是我家的，会直接把大门关掉，在第一步就宣告失败。再如，胞间组织富含多种胞间分泌物，如多糖、糖蛋白、糖脂等复合物。在花粉管与花柱之间具有一定亲和性时，这些复合物首先能为两者的有效识别发挥作用；同时，它们也能为花粉管的正常伸长提供养分，或者扮演着花粉管粘黏剂、诱导剂等不可或缺的角色。在亲和性较高的情况下，花粉管沿着花柱道内部呈束形伸长，并定向于子房所在的位置生长；而在不亲和的情况下，花粉管行为出现一系列异常现象，如扭曲变形、末端膨大甚至破裂、横行于花柱道内而非定向子房生长等等，进而阻碍花粉管进入子房内部的胚囊并释放出精细胞。因此，杂交后花粉管在花柱道内的行为能在一定层面上反映出亲本之间亲和性的大小。

1. 毛花连蕊茶胚胎发育过程的观察

毛花连蕊茶（*C. fraterna*）作为一个开花极其繁密、结实量大的育种亲本，无论是在国外的束花茶花育种中，还是在国内的束花茶花育种研究中，都是一个十分重要的材料。结合前述以连蕊茶组原种为母本无法成功获得杂交种子的失败经验，研究团队的胡禾丰等首先开展了毛花连蕊茶自身胚胎发育过程的观察。期望从其自身的发育特点获得杂交育种的突破口。

2013～2014年，胡禾丰等以浙江省富阳市新登镇下许家山坡原生境中的自然散生、长势健壮的毛花连蕊茶为材料，定期连续采集不同发育时期的毛花连蕊茶花蕾和开放花朵：从8月初花器官原基分化开始，每隔7d取样1次；至翌年2月花期，从花瓣略微张开到花柱萎蔫期间每天取样1次，连续采集10d（采样前对即将开放的花蕾挂牌并标记日期，按照花朵形态每天取样）；之后每隔3d取样1次；4月～6月，每隔20～25d取幼果1次。以上每次采样，均选择群落中花朵、子房或果实大小较为一致的材料，在每株树冠外围中上部随机取材10～15个。取样之后，通过石蜡切片法制片（改动）进行切片，并进行观察统计。

初步的研究结果显示，在毛花连蕊茶花药及胚囊形成过程中，败育现象时有发生，其中以胚囊的败育现象更为突出，这无疑加大了以毛花连蕊茶为母本开展杂交育种的难度。本试验中观察到的几种败育类型如下：

（1）花粉粒的败育：经切片观察，毛花连蕊茶发育异常花粉细胞具1～2核，且出现在成熟花粉囊中，故推测其发育可能停滞在单核至双核花粉细胞形成期。

（2）胚囊的败育：毛花连蕊茶胚囊的早期发育异常多发生在双核单细胞至二核胚囊形成、四核胚囊形成以及七细胞八核胚囊形成的阶段，这些异常现象在多种植物胚囊发育的研究中都有报道。本试验对败育胚囊数量的统计结果中不难发现，从10月23日首次发现败育胚囊至2月12日毛花连蕊茶群体进入初花期以前，败育胚囊不断增多，败育率从双核单细胞胚囊或二核胚囊时期的4.2%上升至成熟胚囊时期的38.0%；故对于单个胚囊而言，这种开花前败育的情况影响了胚囊后期合子的形成和发育。

以上初步观测结果进一步解释了我们杂交过程中，以连蕊茶为母本无法取得成功的部分原因。从人工杂交育种的角度，由于毛花连蕊茶自身胚囊育性下降，无法为杂交提供充足的正常可育胚囊，这无疑会降低以毛花连蕊茶为母本的杂交育种成功率。

2. 组间杂交授粉后花粉管行为的荧光显微观察

面对远缘杂交亲和性往往不高的实际情况，显微观察花粉管行为以检测亲本杂交的亲和性就成为很有必要的一个研究环节。我们以前述杂交不亲和的组合——毛花连蕊茶（*C. fraterna*）×金花茶（*C. nitidissma*）、毛花连蕊茶（*C. fraterna*）×越南抱茎茶（*C. amplexicaulis*）、毛花连蕊茶（*C. fraterna*）×杜鹃红山茶（*C. azalea*）为试验材料，对这些杂交组合中花粉管的行为进行荧光显微观察，结果发现这3个组合授粉2小时后均未观察到花粉粒萌发，这一现象表明在远缘杂交的情况下，花粉外壁的特异性蛋白质可能无法迅速的与柱头乳突细胞识别，从而影响花粉粒正常萌发。

在毛花连蕊茶×金花茶组合中，授粉4小时后首次观察到花粉粒萌发现象（图6-5-1、图6-5-2），但花粉管伸长方向不一且未沿花柱道定向生长，部分花粉管已扭曲并呈螺旋状生长；授粉12小时后大量花粉管萌发生长（图6-5-3）；24～48小时后伸入花柱内1/4处（图版6-5-4），花粉管平均生长速率为1.87μm/min；48～96小时观察到花粉管在花柱内成簇生长（图6-5-5）且生长速率加快，平均速率达3.73μm/min；96小时后花粉管迅速生长至1.61cm（约花柱3/4处），之后花粉管生长进入缓慢期并观察到花柱内部分花粉管呈“S”形迂回生长（图6-5-6）；120小时后花粉管刚开始到达花柱基部（图6-5-7）；144小时后花粉管穿过花柱基部（图6-5-8）；144小时后同时对胚珠进行观察，发现胚珠内部有少量胼胝质分布但无花粉管穿入（图6-5-9）。

毛花连蕊茶×越南抱茎茶组合中，授粉24小时后观察到花粉粒开始萌发，同时胼胝质也大量出现并堆积于花粉管内使花粉管呈节状，明显扭曲变形，从而严重阻碍花粉管生长（图6-5-10）；48小时后花粉粒已在柱头上大量萌发并相互交错，布满柱头表面（图6-5-11）；96小时后观察到少数花粉管斜穿于花柱内（图6-5-12），此后花粉管生长停滞，连续观察到授粉后144小时花柱已经萎蔫，仍然未能观察到花粉管明显伸长。

毛花连蕊茶×杜鹃红山茶组合中，授粉24小时后少量花粉粒开始萌发（图6-5-13），并出现花粉管横向生长情况；48小时后花柱内壁细胞开始出现环形胼胝质（图6-5-14）；之后的观察中胼胝质在花柱内不规则堆积现象明显（图6-5-15），而花粉管自萌发后未能成功穿过柱头乳突细胞层，连续观察到授粉144小时后花柱萎蔫，也未见花粉管明显伸长。

从荧光显微观察结果中我们可以看出，3个组合中花粉管萌发后伸长缓慢且难以定向生长，并出现花粉管扭曲或先端膨大、胼胝质堆积现象。在以金花茶为父本的组合中，虽然能观察到花粉管部分折叠或在花柱道内以“S”形迂回生长、花粉管内存在胼胝质不规则沉积等异常现象，但仍有少量花粉管能定向子房缓慢生长并最终穿过花柱基部；在越南抱茎茶为父本的组合中，花粉萌发迟缓且出现呈节状生长的花粉管，花粉管最长生长到花柱1/4处则停止生长；杜鹃红山茶作为父本的组合，同样出现花粉萌发迟缓且花粉管甚至始终未穿过乳突层细胞的现象。从这些花粉萌发、花粉管生长行为的荧光显微照片中不难发现，杂交组合毛花连蕊茶（*C. fraterna*）×金花茶（*C. nitidissma*）的花粉管生长情况好于毛花连蕊茶（*C. fraterna*）×越南抱茎茶（*C. amplexicaulis*）、毛花连蕊茶（*C. fraterna*）×杜鹃红山茶（*C. azalea*）组合。2016年，作者收获金花茶×岳麓连蕊茶的杂交种子，也进一步说明金花茶组与连蕊茶组的杂交可能亲和性更好一些。

3. 组间杂交后囊胚发育的显微观察

根据以上荧光显微观察结果可以判断，毛花连蕊茶（*C. fraterna*）×金花茶（*C. nitidissma*）组合中父本花粉管与母本花柱之间有着较好的亲和性。但是，这一组合能否正常完成受精作用并产生杂种胚呢？要继续探求这一问题的答案，石蜡切片结合显微观察是实验室常用的解决此类问题的技术方案。我们在常规石蜡切片制片方法的基础上做适当调整，以形成适合于束花茶花子房、幼果的切片制片流程，切片并观察了子房126个、胚囊504～630个。

从显微观察的结果来看，毛花连蕊茶与金花茶杂交后胚囊内的结果大致有两种情况：其一，胚囊内自始至终没

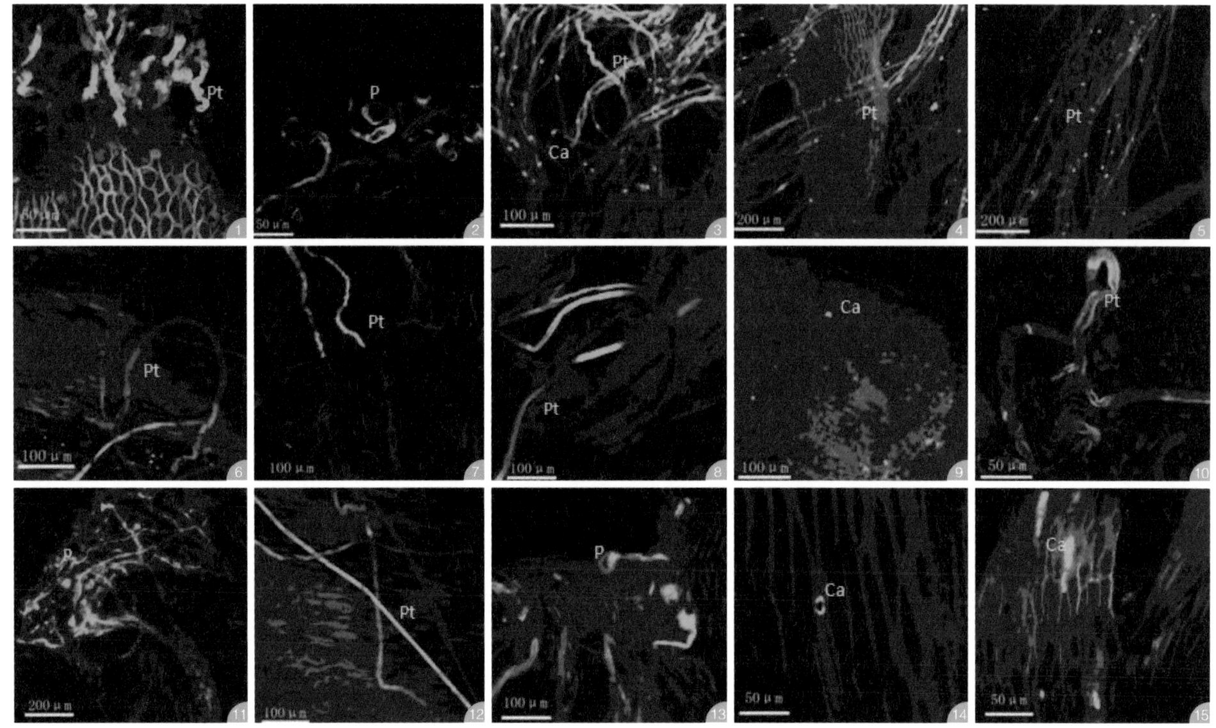

1、2—授粉4h后金花茶花粉在毛花连蕊茶的柱头上萌发并扭曲或横向生长；
3—12h后大量金花茶花粉管萌发生长并伴有胼胝质；
4—48h后金花茶花粉管伸入花柱内约1/4处并伴有胼胝质；
5—96h后金花茶花粉管在花柱内成簇生长并伴有胼胝质；
6—96h后部分金花茶花粉管呈"S"形迂回生长；
7—120小时后金花茶花粉管刚开始到达花柱基部；
8—144h后金花茶花粉管穿过花柱基部；
9—144h后胚珠内部有胼胝质分布；
10—24h后越南抱茎茶花粉在毛花连蕊茶柱头上萌发，花粉管呈节状生长；
11—48h后越南抱茎茶花粉粒在柱头上大量萌发生长；
12—96h越南抱茎茶花粉管斜穿于花柱内；
13—授粉24h后少量杜鹃红山茶花粉开始萌发；
14—48h后花柱内壁细胞出现胼胝质环；
15—胼胝质在花柱内不规则堆积
P：花粉粒；Pt:花粉管；Ca：胼胝质

图6-5　以毛花连蕊茶为母本的组间杂交过程中花粉萌发与花粉管生长

有观察到受精过程出现，胚囊表现出逐渐败育；其二，在胚囊几乎退化的助细胞中出现了一个精细胞，但未观察到精卵融合形成合子。

杂交授粉后第一周，连续每天取材1次，此时观察到胚囊形态正常，其珠心表皮、内外层珠被均无异样，反足细胞已经消失，卵器（图6-6-1、图6-6-2）、中央极核（图6-6-3）形态正常。授粉后第10d，胚囊中各细胞尚能维持完整形态，但助细胞细胞质松散，卵细胞细胞质发生皱缩且细胞轮廓由正常的圆球形变成长椭圆形，极核已退化消失（图6-6-4）；也有的胚囊中残存助细胞和极核，但卵细胞消失（图6-6-5）。授粉后第13d、第16d的胚囊中主要出现两种异常现象：（1）多数胚囊中卵器进一步解体，其形态已模糊不清（图6-6-6～图6-6-8）；（2）剩余胚囊中只剩下正在萎缩、退化的卵细胞而其余细胞结构消失（图6-6-9、图6-6-10）。授粉后第19d、第22d、第25d的胚囊中，卵细胞已消失，只剩下助细胞逐渐退化的残迹（图6-6-11～图6-6-17）。授粉后第28d，助细胞退化殆尽，胚囊中只剩下一个空腔，并且外珠被变薄、内珠被增厚（图6-6-18、图6-6-19）。授粉后第31d，增厚的内珠被内侧的组织开始解体（图6-6-20、图6-6-21）。授粉后第34d、第37d，大多数胚囊进一步败育而明显出现解体形态，同时内珠被更为膨胀并向胚囊空腔内部挤压（图6-6-22、图6-6-23）。综合整个杂交胚囊败育过程，授粉第37d后杂交子房全部脱落，在

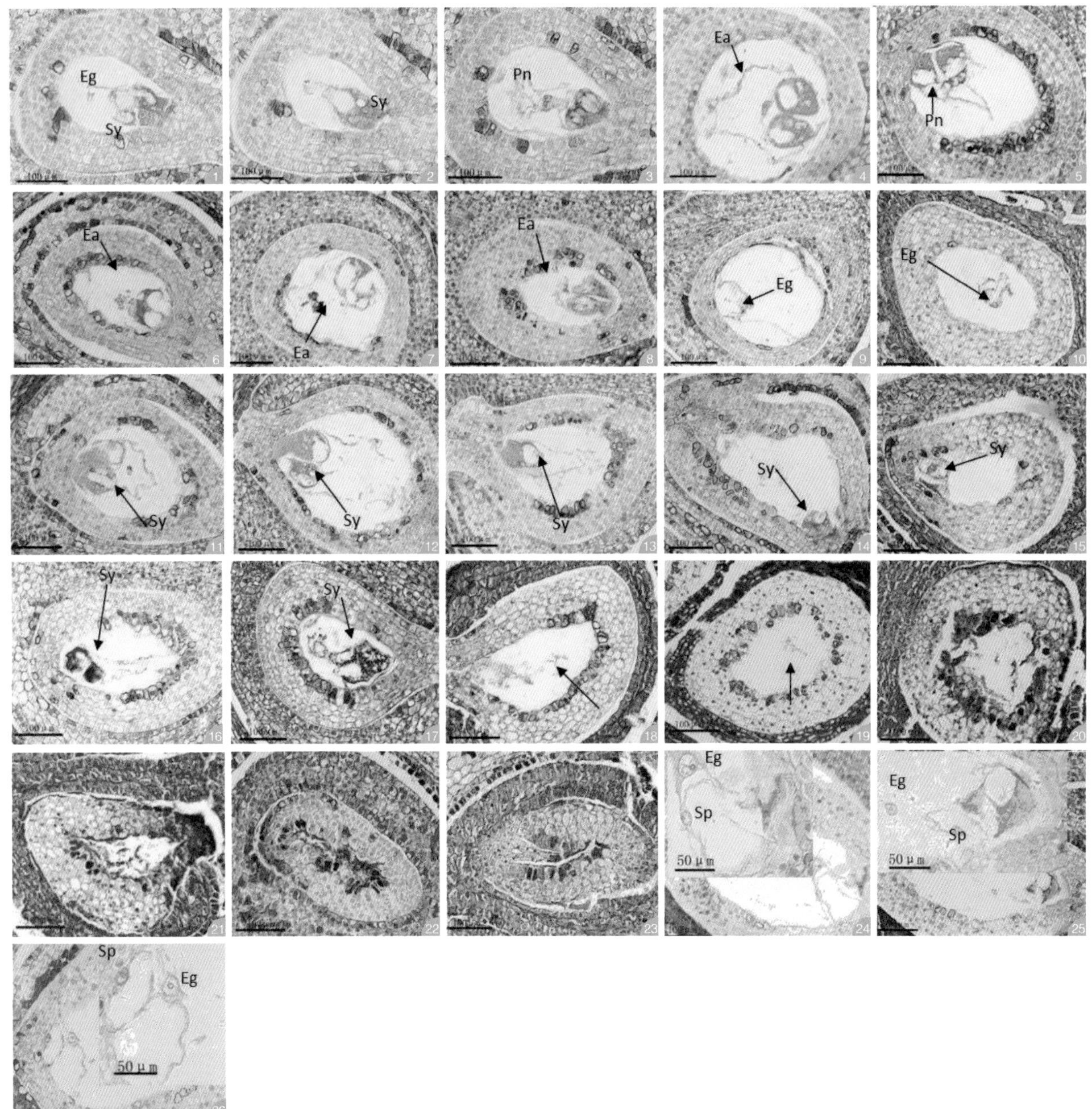

1～3—连续切片显示授粉一周后的正常胚囊，卵细胞（Eg）、助细胞（Sy）、中央极核（Pn）存在于胚囊中；

4～5—箭头分别示授粉后第10d开始退化的卵器和中央极核；

6～8—箭头示授粉后第13～16d，部分胚囊内卵器模糊不清；

9—箭头示授粉后第13～16d，部分胚囊内只剩卵细胞，Eg：卵细胞、Sy：助细胞、Pn：中央极核、Ea：卵器；

10—箭头示授粉后第13～16d，部分胚囊内只剩卵细胞；

11～17—箭头示授粉后第19～25d，助细胞正逐渐退化，其余细胞已消失；

18—箭头示授粉后第28d，胚囊中的空腔，Eg：卵细胞、Sy：助细胞；

19—箭头示授粉后第28d，胚囊中的空腔；

20～21—授粉后第31d正在解体的胚囊；

22～23—授粉后第34～37d正在的解体胚囊；

24—授粉后第34d，胚囊中出现一个形态正常的精细胞（Sp）；

25～26—授粉后第34d，胚囊中出现一个轮廓模糊的精细胞，Eg：卵细胞，Sp：精细胞

图6-6 毛花连蕊茶×金花茶胚囊败育过程

整个过程中胚囊均未发生受精。

另外，试验中还观察到授粉第34d后，3个珠被形态正常的胚囊内首次发现精卵细胞融合前的临界状态，卵核已移动至卵细胞中央，精细胞正贴附在助细胞残余的细胞质膜上。在其中一个胚囊内可以清晰地观察到体积较小的长椭圆形精细胞和体积较大的圆形卵细胞（图6-6-24），但在另外两个胚囊中精卵细胞似乎呈皱缩退化形态，细胞轮廓也模糊不清（图6-6-25、图6-6-26）。同时，3个胚囊内都只出现了一个精细胞，但此时胚囊内中央极核也早已消失。在试验切片的504～630个胚囊中仅有3个胚囊内出现了这一现象，其余胚囊内未能观察到精细胞且全部败育。

以上观察结果表明，在毛花连蕊茶×金花茶组合中，杂交胚囊内均未观察到受精过程，并且从授粉后第10d起部分胚囊开始出现卵器结构异常；之后胚囊内中央极核、内外珠被甚至子房壁都陆续发生败育而退化、解体，直到第36d杂交子房全部脱落。所有切片中，仅在杂交后第34d的3个胚囊内分别观察到一个精细胞，在整个杂交胚囊发育过程中都没有发现两个精细胞同时出现，在第34d以后的切片中也并未发现合子或初生胚乳核形成。因此，可以判断毛花连蕊茶×金花茶组合基本属于受精前不亲和。受精前花粉管行为异常和双受精过程中雌雄配子不能正常融合都可能是造成毛花连蕊茶×金花茶组合杂交不亲和的原因。

从毛花连蕊茶自身的胚胎发育到杂交组合的败育阶段及原因探索，我们逐步寻找以连蕊茶组资源为母本进行育种的败育原因，以期尽早实现突破。

6.2 杂种早期筛选

众所周知，木本植物育种，从种子到开花一般需要5年左右的时间，部分杂交种子可能3年可以开花，但也有很多杂交种子需要6年甚至更久才能开花。如果能够将现代分子生物学技术与束花茶花的杂种早期鉴定结合起来，实现花型、花色或芳香等观赏特性的早期或定向筛选，无疑可以大大提高育种效率，这也是作为科研工作者的任务所在。

随着现代分子生物学的发展，分子生物学的应用逐渐在山茶属起步和发展。但主要集中在茶树（*C. sinensis*）和油茶（*C. oleifera*）等材料分子标记的开发及品种鉴定等方面，采用的分子标记包括EST-SSR、ISSR和RAPD等。观赏茶花方面的研究相对较少，主要包括：张景荣等采用RAPD方法对23个茶花品种进行了有效鉴别；王晓锋等也采用该技术对10个温州茶花品种进行遗传多样性分析；倪穗等采用ISSR方法对20个国内外茶花品种进行品种间的遗传分析，并将其分成两大类群。在这些山茶属相关的分子生物学研究基础上，结合现代分子生物学的发展，我们针对束花茶花育种相关的研究，开展了分子生物学技术在杂种早期鉴定中的探索工作。

6.2.1 束花茶花的转录组测序

转录组测序（Transcriptome sequencing）是通过二代测序平台快速全面地获得某一物种特定细胞或组织在某一状态下的几乎所有的转录本及基因序列。简单来说就是从植物组织器官中提取总RNA，用带有Oligo（dT）的磁珠富集出单链mRNA，用各种方法将这些mRNA打断，再使用随机引物和逆转录酶将RNA片段反转录得到双链cDNA片段，接着将这些cDNA片段进行末端修复并与连接测序接头，进行PCR扩增，建好的文库用测序仪进行测序，最后对测序结果进行生物信息分析（图6-7）。

在已完成基因组测序的物种中，可将转录组测序结果与基因组DNA序列数据进行对比，从而得到基因表达、可变剪切、基因结构优化、新基因发现等分析结果。比如说，Sara等运用转录组测序技术对葡萄（*Vitis vinifera*）果实发育过程进行转录组研究，发现了MYB转录因子家族的28个新基因以及53个GST家族的新基因，并鉴定出了85870个SNP；王刚等对盐胁迫处理前后的棉花（*Gossypium hirsutum*）幼苗进行转录组测序，找到了盐胁迫条件下表达上调与下调的基因，表明这些基因在盐胁迫的过程中有着相当重要的作用，从而为后期的研究与应用提供支撑。当然，现在还有许多物种由于基因组测序耗费大、时间长，因此相关研究是从转录组测序开始，而对于这类没有参考基因组的物种，在通过原始数据和测序质量评估后，最重要的就是进行Unigene库的构建，相当于组装和拼接出一个可参考的物种转录本，熊丽东等对红花（*Carthamus tinctorius*）的种子、叶片和花等组织进行了全面的转录组测序，利用得到的Unigene序列构建了cDNA文库，一共获得7.5×106个克隆，同时应用生物信息学的方法得到了红花油体蛋白基因的全长序列；李滢等对丹参（*Salvia miltiorrhiza*）的根组织进行了转录组测序，获得了可能参与丹参酮合成的序列27条（编码15个关键酶）、

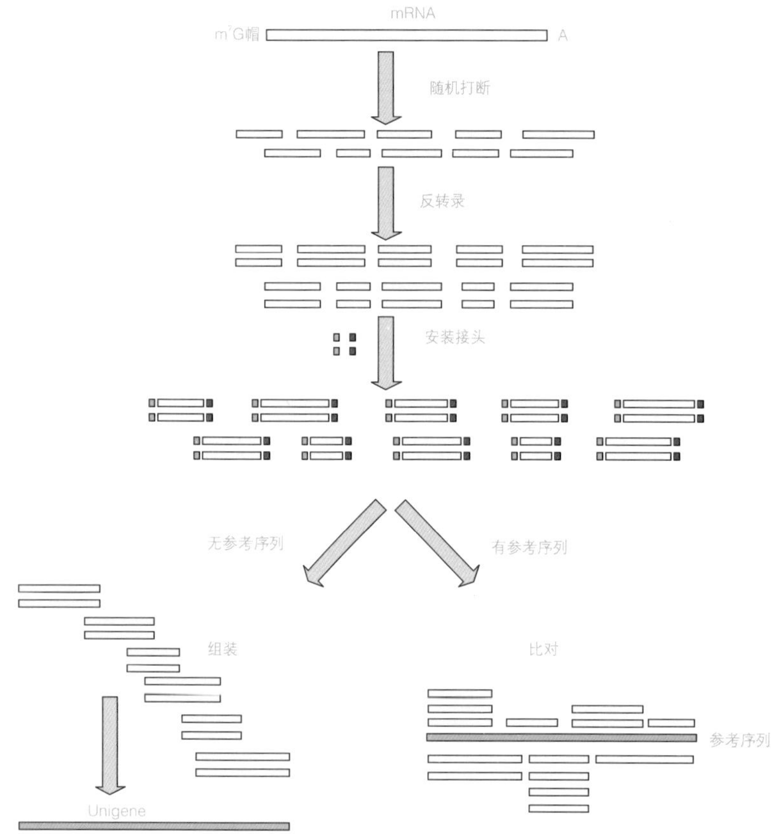

图6-7　转录组测序原理

参与丹酚酸合成的序列29条（编码11个关键酶）、细胞色素p450序列70条、转录因子序列577条。

束花茶花至今尚未完成基因组测序，属于没有参考基因组的物种，因此作者决定从转录组测序开始我们的研究。我们拟通过转录组测序得到大量束花茶花遗传信息，开发SSR分子标记，实现花型、花色或芳香等观赏特性的早期或定向筛选，以及对后生山茶亚属资源的辅助分类。

于是我们利用Roche/454测序平台对连蕊茶组原种微花连蕊茶（*C. minutiflora*）、贵州连蕊茶（*C. costei*）、长管连蕊茶（*C. elongata*）、玫瑰连蕊茶（*C. rosaeflora*）、岳麓连蕊茶（*C. handelii*）、琉球连蕊茶（*C. lutchuensis*）、毛花连蕊茶（*C. fraterna*）的转录组进行了高通量测序，共获得887290个Reads，去除低质量序列后有776862个Reads，用Newbler（2.6版本）对获得的Reads进行组装、拼接，得到非冗余序列总长283044448bp，包含isotig26123个、singlet为214177个，组装并注释了177196个unigenes，其中最长isotig为9450bp，N50(覆盖50%所有核苷酸的最大序列重叠长度）为935bp，平均isotig大小为93.2bp。获得大量unigene之后，我们在ncbi网站中进行序列比对与分析，做了三种功能分类，从而为后期的开发利用做准备。

1. KEGG分类

《京都基因与基因组百科全书》(*Kyoto Encyclopedia of Genes and Genome*,KEGG)KEGG的功能分类能一步了解了茶花基因的生物学功能与相互作用，有24847个unigenes在数据库中得到高度匹配，它们分属293条KEGG途径，其中12759个unigenes属于代谢途径。KEGG代谢途径包括碳水化合物的代谢，次生代谢产物的生物合成，氨基酸代谢、脂质代谢和能量代谢。在次级代谢中，981个unigenes分属14个亚类，它们中的大部分与苯丙胺类生物合成、类黄酮生物合成及芪类化合物生物合成相关。

2. GO分类

Unigene进行基因本体(Gene Ontology，GO)分类，得到所有序列在GO的三大类：分子功能(molecular function)、细胞组成(cellular component)、生物过程(biological process)的各个层次所占数目，见图6-8。

3. KOG分类

我们通过BLAST与真核直系同源(Eukaryotic Orthologous Groups of Proteins，KOG)分析获得了26439条序列，其中信号转导机理相关的序列有3929条、一般功能基因的序列有2762条，此外，有821条序列与次生代谢物的生物合成、运输和代谢相关(图6-9)。

在进行了三种功能分类后，作者从中获得了代谢途径中重要的基因信息，对于束花茶花不同观赏性状：花色、花型、花香等相关基因有了一定的认知，这些研究为分子杂交育种提供遗传信息资源，同时也为SSR分子标记的开发以及实现花型、花色或芳香等观赏特性的早期或定向筛选提供了相当庞大的基础信息。

6.2.2 束花茶花的SSR分子标记的开发

简单重复序列(Simple Sequence Repeat，SSR)，又叫微卫星，是一种广泛存在于原核生物和真核生物基因组中的特殊的DNA序列，它与许多起到重要调控作用的基因片段(如调控植物花型、花香、花色等观赏性状的基因)相连锁；因此，可以将SSR序列作为“分子标签”，用来标记出控制观赏性状表达的基因，方便研究者更高效地完成选育种过程以获得优良杂种。SSR可以分布在基因组的不同部位上，其重复单位十分短，通常在DNA链上每经过1～6bp的长度就重复一次，而且串联重复数*n*可变。SSR两端的序列一般是相对比较保守的单拷贝序列，根据串联重复数不同，就可以表现出SSR长度的多态性，而具有这种长度多态性的片段便可以用作分子标记。采用SSR作为分子标记具有明显优势：在不同物种中具有广泛的分布，且多态性丰富、重复性好、通常具有共显。基于这些优点，SSR已作为分子遗传标记得到广泛应用，其在植物分子辅助育种、遗传图谱构建、品种鉴定、遗传多样性分析、功能基因定位以及种子纯度鉴定等诸多方面都发挥着重要的作用。

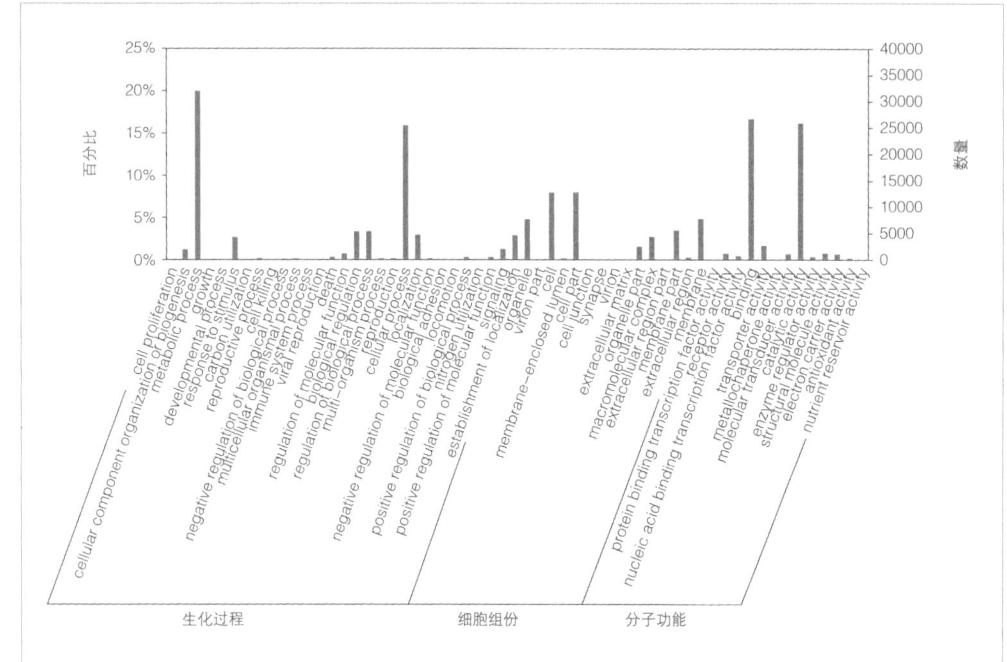

图6-8　GO类别分布情况

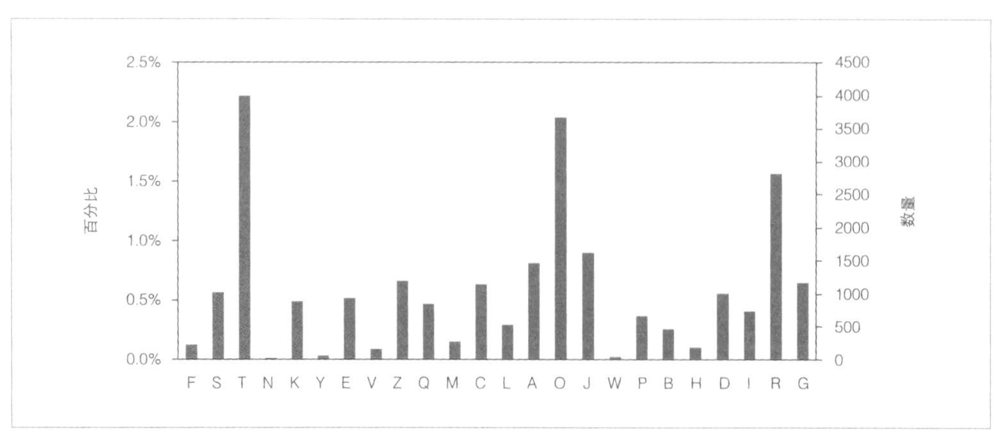

图6-9　KOG类别分布情况

注：F—核苷酸运输与代谢；S—未知功能；T—信号转导机制；N—细胞运动；K—转录；Y—核结构；E—氨基酸运输与代谢；V—防御机制；Z—细胞骨架；Q—次生代谢物生物合成，运输和代谢；M—胞壁/膜生物发生；C—能量产生于转化；L—复制，重组与修复；A—RNA加工与修饰；O—翻译后修饰，蛋白转运，分子伴侣；J—翻译，核糖体结构与生物发生；W—胞外结构；P—无机离子运输与代谢；B—染色质结构与变动；H—辅酶运输与代谢；D—细胞周期调控与分裂，染色体重排；I—脂质运输与代谢；R—一般功能基因；G—碳水化合物运输与代谢。

作者通过高通量的转录组测序获得了大量的Isotig+Singlets，利用MISA软件进行SSR分析，这个软件预测出了123753个SSR，其中共有117201个序列含SSR序列，17900个序列含2个以上SSR。1～6碱基型SSR共有138163个。其中双碱基型最多，为65341个，单碱基型数量次之，为42608个，5碱基型最少为785个，具体数据见表6-4。

SSR分析结果统计 表6-4

SSR标记类型	数目
SSR个数	123753
含有SSR的序列个数	117201
含有2个以上SSR的序列个数	17900
混合型SSR个数	14410
单碱基型SSR个数	42608
双碱基型SSR个数	65341
3碱基型SSR个数	26298
4碱基型SSR个数	2071
5碱基型SSR个数	785
6碱基型SSR个数	1060

随后作者随机选取9个SSR位点并设计了9对SSR引物，同时提取了‘黑椿’、小卵叶连蕊茶、‘俏佳人’等亲本及束花茶花品种的DNA样品，使用分光光度计测定DNA含量，所有样品OD260/280达到1.8左右，同时进行了琼脂糖凝胶电泳鉴定（图6-10），样品质量达到进行后续试验的标准。作者接着进行了PCR扩增，发现其中6对引物能够扩增出较好的效果，进一步对这6对引物进行了多态性分析，其中4对引物显示多态性。4对SSR引物在不同品种材料中共检测出34个等位基因，每个SSR位点的等位基因数为5～12个，平均每对引物含有8.5个等位基因，引物多态性信息含量（PIC）反映检测位点的变异数目和等位变异在检测材料中的变异频率，通过分析引物的PIC，可以全面了解等位变异的多态性信息。本研究所选引物PIC的变化范围为0.23～0.93，平均多态性信息量为0.78。我们初步挑选了这些多态性高、特异性强、稳定性高的引物作为杂种早期鉴定的候选引物。

在有效开发出一定数量的SSR分子标记之后，作者拟进行后生山茶亚属的连蕊茶组资源的生物系统构建。主要针对花型、芳香等观赏特性，一方面结合目前连蕊茶组资源相对混乱的实际情况，通过现代分子生物学信息库作为辅助手段，进行该组资源的辅助分类；另一方面结合杂交育种形成的实生苗，进行特异的分子标记开发，辅助提高育种效率。

在育种过程中，随着遇到的科学问题不断增多，我们也在不断探索解决问题的途径和方法，虽然目前尚未取得实质性的突破，但随着科学探索的不断深入，破解束花茶花育种中的难题总会花开有时。

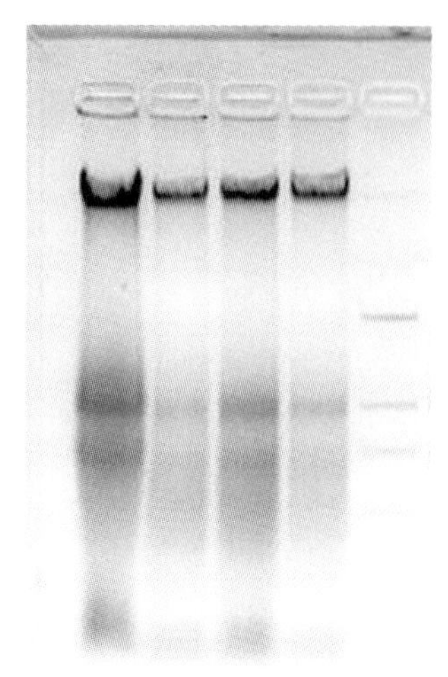

图6-10 束花茶花品种的DNA提取

第7章 山茶花的繁殖栽培技术

从无数粒茶花的花粉授在母本的柱头上开始，经历如同“十月怀胎”般的受精、发育和成长过程后，幸运的你会收获一粒种子，束花茶花新品种的选育就从这一粒种子开始；从一粒种子，到一株小苗，再到几十、几百乃至成千上万的植株，涵盖了茶花繁殖与栽培养护的整个过程。

束花茶花的繁殖方法分为有性繁殖和无性繁殖两种。有性繁殖即播种繁殖，利用种子进行繁育，主要用于砧木培育或新品种选育。无性繁殖以嫁接和扦插为主，可以保持母株的优良性状，有利于优良种质资源的快速扩繁。其中扦插具有繁殖速度快、操作简便、繁殖量大的特点；嫁接繁殖成苗速度快，能实现商品苗短周期成苗，多用于大规格商品苗及稀缺资源的扩繁。为了让茶花爱好者或是研究者能够对束花茶花的繁殖及栽培养护有更清晰的理解和把握，本章在阐述繁殖及栽培养护技术流程的同时，针对束花茶花的特点，结合作者近年来的实践，对束花茶花繁殖栽培的重要技术环节进行详述。

7.1 有性繁殖

有性繁殖又叫种子繁殖。种子繁殖是杂交育种过程的重要环节。在束花茶花的倣育种中，种子繁殖主要用于杂交种子的培养，此外，一般种子繁殖出来的实生苗，对环境适应性较强。因此，对于嫁接砧木的培养，如果可以采用种子繁殖，无疑是一个不错的选择，从而可以进一步保障砧木在种植地的适应性。

7.1.1 种子育苗

科研与生产中，采用杂交授粉及自然结实得到的种子均可用于播种育苗。

1. 种子的采收

杂交后期，需在杂交获得的果实开裂前套袋（图7-1），以防止种子散落遗失或杂交信息混乱。待果实开裂后进行采收。采收时将种子连同记录杂交信息的标签一并封存于隔离袋内，可用回形针卡住袋口，防止种子混乱。

非杂交结实的种子可在果实开始开裂时进行采收。将采集的果实摊放在室内通风或室外背风向阳处待其自然开裂后收集种子。种子数量大时，可根据种子大小选用孔径合适的网筛过筛择优，并剔除发霉、干瘪的种子。

图7-1　对即将成熟的种子进行套袋保护

图7-2 沙藏过程

2．种子处理

将采收的种子用0.4%的高锰酸钾溶液浸泡2小时后，捡除漂浮种子，漂洗干净并晾干即可低温保存（2～4℃）、沙藏，或播种。沙藏用沙宜先用甲基托布津等药剂做消毒处理或经暴晒后使用。瓦盆沙藏，底层细沙可用水浇透并整平。覆盖种子用的细沙湿度以握能成团、松即散开为度。一层沙、一层种，每层沙的厚度在10cm左右（图7-2），4～5天或一星期酌情洒水一次，保持一定湿度。沙藏期间注意提防鼠害。

3．播种育苗

对于杂交获得的种子，需把亲本等育种信息跟随种子做好标记，避免在后期的移栽等管理过程中遗失育种信息。同一个杂交组合的种子可播种在同一个育苗容器中，或是每一粒种子都单独播种。在上海，作者主要采用即采即播的方法，在温室中进行播种育苗（图7-3）。

在设施栽培条件下，即采即播的种子可在1～2个月内萌发（图7-4）。

沙藏的种子待翌春3月左右气温回升后进行播种，容器育苗可直接将种子播入装好基质的育苗袋，播种深度为种子直径的2～3倍；苗床育苗可按5～8cm的株行距进行点播；或将种子平摊于沙层上，覆沙2～3cm进行催芽，待种子大量发芽后再将种子苗上盆，上盆前可将根尖短截以促须根生长。育苗基质可用质地疏松、排水良好的沙壤土或其他混合基质。

1—将种子播入花盆中；　2—将种子覆盖好基质并浇水插好标签；
3—将播好的种子放入育苗盒中；　4—长出的种子苗

图7-3　播种育苗

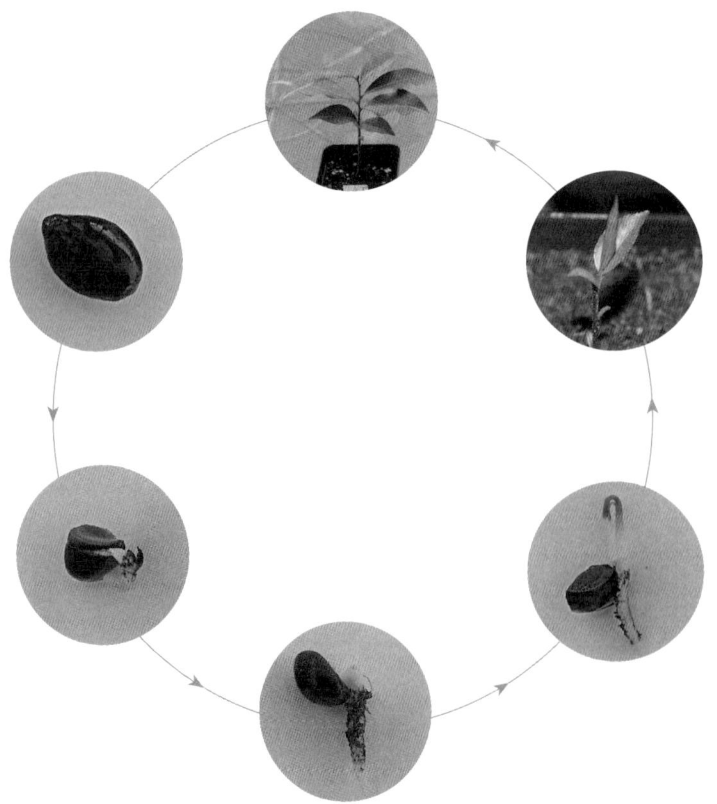

图7-4　种子成苗过程

种子成苗后，可在当年10～11月，按照栽培计划选择合适的株行距进行栽植，一年生种子苗可按10～15cm的间距种植，翌年或两年后于春、秋季每隔一株间一苗进行移栽。栽培基质根据育苗目标进行选择。生产用种子苗，可采用微酸性土壤或其他适宜的混合基质进行栽培。抗逆筛选育苗，可根据逆境筛选的目标配制基质，比如，作者进行上海适生茶花砧木的选择时，将播种的毛花连蕊茶、闽鄂山茶等备选砧木种子定植在上海常见的碱性土壤中，从而筛选出碱性土壤适生的砧木种类。

对于定向杂交培育的种子苗，上盆栽培有利于精细化管理。栽培基质可根据各地可用资源灵活配制。在上海，作者一般采用“黄土：泥炭：珍珠岩=5：3：2”或“泥炭：珍珠岩=2：1”做栽培基质。

7.1.2 苗期管理

对于刚刚成苗的种子苗来说，后期管理尤为重要，尤其是远源杂交的种子苗，在没有扩繁备份之前，种子苗独一无二，随时可能因各种各样不可预期的突发状况，导致种苗死亡。因此，在种子苗的管理过程中，一定的保护措施及适当的水肥管理显得尤为必要和重要。

1. 保护栽培

刚定植或上盆的种子苗需做好防风保湿、保温（冬季）、遮荫降温（夏季）等措施，提高成活率。经5～6个星期保护栽培后可逐步降低空气湿度炼苗。另外，注意做好防范鸟类或兽类破坏（图7-5）的措施。

2. 水肥管理

小苗根系较浅，抗逆性较弱，浇水原则上以见干见湿为宜，不可过度干旱或过度湿润。遵循薄肥勤施的原则进行施肥管理。秋季移植的小苗当年不可施肥，可在翌年早春至新梢抽梢前，每月施用氮比例较高的复合肥，如30：10：10（氮磷钾比例）；7～8月为夏季高温时期，宜减少施肥或不施肥；秋冬季节施用比例均衡的复合肥或有机肥，不可偏施氮肥。此外，尿素用量不易把握，用量稍大易伤根，小苗不宜施用。

3. 修剪

小苗管理过程中，肥水过足或偏施氮肥易使小苗贪青徒长，需及时调整施肥方法并根据育苗目标进行打顶修剪控制小苗生长，以增加营养积累，增强小苗抗逆性，减少病害发生。此外，需及时剪除基部萌蘖和病弱枝，必要时进行绑扎定型育苗（图7-6）。

图7-5 鸟类误入种子苗养护区造成的破坏

图7-6 绑扎定型

7.2 无性繁殖

实生苗的无性扩繁，主要有三种用途，一是备份杂交实生苗，以防实生苗意外死亡；二是扩大杂交苗的储备量，为后期的研究及生产提供种苗；三是培育优秀的新品种商品苗。

7.2.1 嫁接繁殖

为保障杂交种子苗及其他新优种质资源安全，需迅速扩繁以增加苗量。扩繁初期以嫁接繁殖为主。

茶花常用的嫁接方法主要有枝接（切接、劈接、插皮接、腹接等）、芽接、芽苗砧嫁接等，各种嫁接方法可依据实际条件灵活应用。对于杂交种子产生的实生苗，可采用切接进行第一次扩繁。在实生苗长出3～4片真叶后，即可取实生苗上部的1～2节枝进行嫁接（图7-7）。

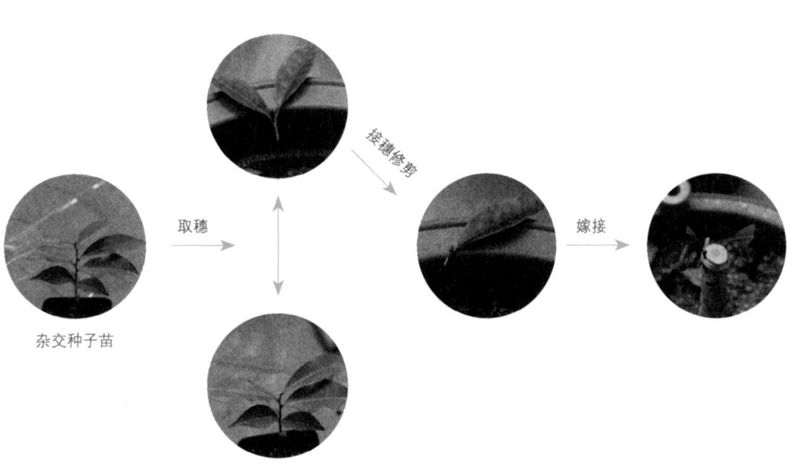

图7-7 杂交种子小苗取穗嫁接繁殖

当完成杂交实生苗的第一次嫁接扩繁之后，植株及可用于繁殖的穗条数量有所增加，可继续采用切接或芽苗砧接进行增殖扩繁。

1. 切接

（1）嫁接时间

规模化生产以2～3月接穗抽梢前或5月中下旬～6月上中旬新梢半木质化后嫁接为宜，该时段嫁接抽梢整齐且成型快。其他月份在保护条件下亦可少量进行嫁接繁殖。

（2）砧木选择

茶花砧木常用油茶（*C. oleifera*）、毛花连蕊茶（*C. fraterna*，浙江山茶产区称野茶梅）、小卵叶连蕊茶（*C. parvi-ovata*）、闽鄂山茶（*C. grijsii*）、高州油茶（*C. gauchowensis*）、'耐冬'、'红露珍' 等种或品种（图7-8）。作为砧木，'红露珍' 在全国各个山茶产区均有应用。其他砧木种类的选择因各地资源分的布差异而各有不同。如湖南、江西等地多用油茶，四川多用连蕊茶组的小卵叶连蕊茶、川鄂连蕊茶（*C. rosthorniana*，地方名：作孚茶）等，山东多用 '耐冬'，云南多用 '白秧茶'（又称：'雪塔'、'白洋片'），广东目前则以高州油茶为主要嫁接砧木，而在上海，上海植物园使用的多种砧木中以闽鄂山茶表现最好。无论选用哪种砧木，都要求选用生长健壮、长势旺盛、无病虫害的植株。接穗与砧木亲和是嫁接成功的前提，大量嫁接扩繁前，对于未经试验或无生产应用的砧木和接穗品种组合需先进行少量的嫁接试验。

根据目前主要应用的几种砧木，结合其特点和注意事项介绍如下：

1）油茶

油茶及各地培育改良的油茶品种皆可用于茶花嫁接。作为传统油料树种，油茶在我国长江以南各地区广泛栽培。在山区有大量老化的低产林，植株高大而产量低，用作山茶嫁接砧木可为山区产生较高收益（图7-9）。但大型油茶植株移植难度较高，后期需精细养护，需避免过度开花消耗养分造成植株衰退，需减少树干机械损伤并定期喷湿广谱性杀菌剂以保护树干免受真菌侵染，延长嫁接植株寿命。大型油茶植株原地嫁接，接穗生长速度快，但需提前断砧或适当断根，以减弱伤流对嫁接的影响。碱性土壤地区如上海不建议使用油茶作砧木。

2）高州油茶

高州油茶树形高大，寿命长、生长速度快，作为油料树种，国内主要分布于广东西南部、广西南部、海南，目前在部分观赏山茶品种嫁接应用中接口愈合较好（图7-10）。

3）毛花连蕊茶及小卵叶连蕊茶

毛花连蕊茶与小卵叶连蕊茶野生资源较多，花果繁密，长势略缓。此两种结实量大，易于播种繁殖，繁殖难度低。因山区改造等原因挖出的大型植株弃之可惜，用作茶花嫁接砧木，可快速培育大型茶花商品苗（图7-11）。目前江西、浙江等地应用较多。

1—油茶； 2—高州油茶； 3—毛花连蕊茶； 4—闽鄂山茶； 5—‘耐冬’； 6—‘红露珍’

图7-8 常用砧木种类

图7-9 油茶砧嫁接三年生长效果

图7-10　高州油茶砧木嫁接生长及接口愈合效果

图7-11　毛花连蕊茶用作嫁接砧木

4）闽鄂山茶

花具清香，生长速度快，结实性能好。嫁接亲和力强，接口愈合良好（图7-12），且在弱碱土壤中生长良好。在上海用作地栽山茶的嫁接砧木，表现优秀。

5）'红露珍'

苗源分布广泛，市场价格较低，生长速度较快，但部分品种嫁接后期不亲和，偶有大小脚和接口溃烂干枯开裂现象（图7-13）。

6）'耐冬'

多为苗圃育苗，苗源分布少于'红露珍'，嫁接愈合整体效果优于红露珍，接穗生长速度较快（图7-14）。

（3）接穗选择

接穗宜选植株外围生长健壮、腋芽饱满、无病虫害的半木质化或木质化枝条。半木质化新梢最佳，清晨采集为宜，采后可置于盛有少量水的容器中保湿备用。接穗稀缺的情况下，品质稍差的穗条经清洗和浸泡杀菌（如25%多菌灵700倍药剂浸泡10分钟）后亦可用于嫁接扩繁。

（4）嫁接方法

切接主要包括断砧、切砧、削接穗等步骤，方法如图7-15所示，嫁接过程需注意以下几点：

1）断砧

宜选在枝条平直、表皮光滑处断砧，断砧时要防止砧木撕裂，断砧后对截口略加修整，使截口平滑整齐。粗大的砧木主干宜保留均匀分布于不同方向的多个分枝。小规格砧木可截干或根据砧木整体树形保留2～4个分枝（图7-16），以利快速成型。对修剪截口进行杀菌并用锡纸保护有利于伤口愈合，减少枝干病害发生。

2）切砧

用刀在砧木截面边缘稍带木质部垂直向下切入一刀，切口宽度大致和接穗的直径相等或略宽于接穗（图7-17）。接穗宜均匀分布于砧木截面，并考虑嫁接成活后新梢生长的方向，以利植株快速成型。

3）插入接穗

接穗长削面向内，插入砧木切口，需至少保障一侧形成层对齐，且砧木与接穗紧密结合，有利于及早形成新的输导组织。削面外露（俗称"露白"）3～5mm以利于接口愈合（图7-18）。

4）绑扎接穗

自下而上绑扎接口，并注意防止绑扎过程造成接穗松动或移位。可用塑料膜密封砧木横截面，减少截口水分损耗，避免截口枯裂。在嫁接口用锡纸粘贴避光（图7-19），有利于愈伤组织生长，使接口及早愈合。

5）套袋

将嫁接好的接穗套袋保湿可提高嫁接成活率。同时，搭建荫棚或在保湿袋外覆盖双层报纸等遮荫物进行防护，避免高温灼伤接穗，有利于接穗成活。

图7-12　闽鄂山茶作砧木嫁接的山茶植株及嫁接部位

图7-13　'红露珍'砧木后期不亲和、溃烂

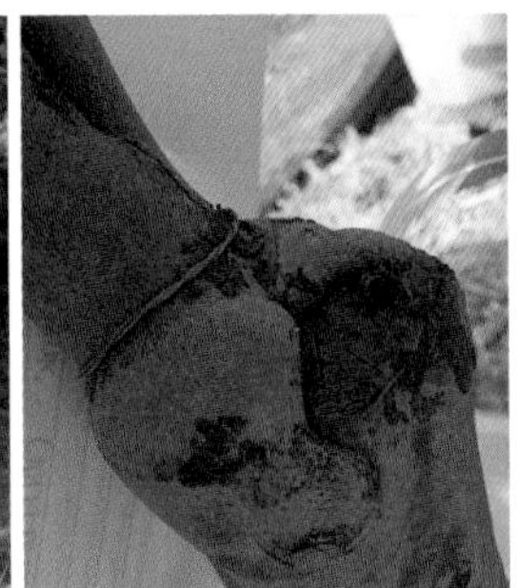

图7-14　'耐冬'砧木嫁接接口愈合

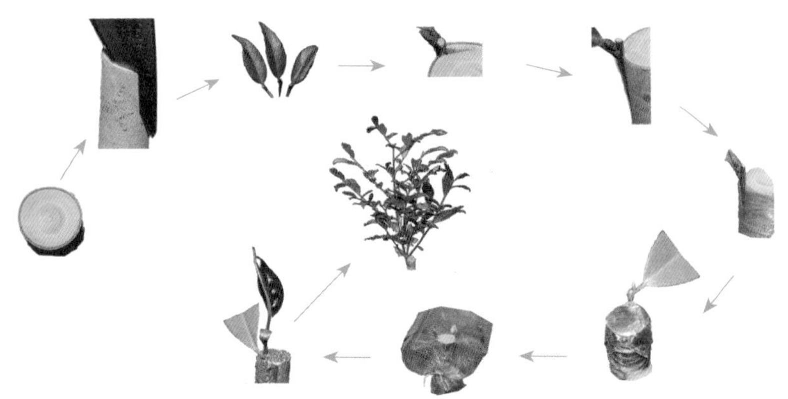

图7-15　切接步骤

图7-16 ‘耐冬’砧木断砧

图7-17 切砧方法，接穗均匀分布

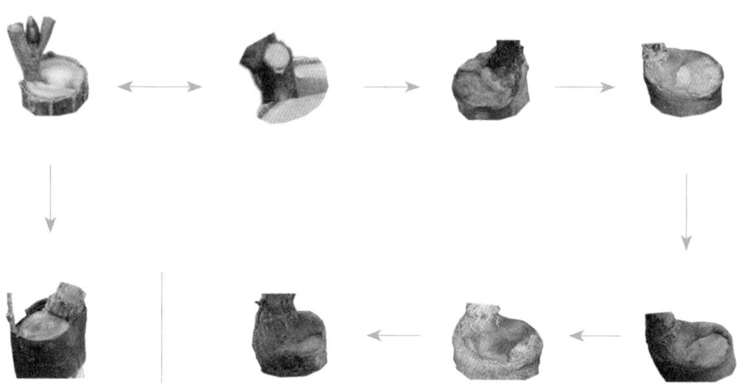

图7-18 接穗露白与否对截口愈合的影响

图7-19　绑扎及锡纸遮光

图7-20　因浇灌冲刷而折损的新梢（左）绑扎保护下正常生长（右）

（5）嫁接后的养护管理

1）松绑、绑扎

当接穗抽梢并木质化后，即可将接口的绑扎膜解开。生长速度快的新梢需加支柱固定，避免因风吹或雨水冲刷折损枝条（图7-20）。

2）除萌蘖

中型尤其是大型砧木嫁接后萌蘖多且生长快，须及时摘除，否则将影响接穗的生长，轻则生长缓慢，重则黄萎干枯。除萌蘖一直贯穿于整个养护时期。

3）修剪及疏蕾

撬皮接技术中，基于砧木根系强大的吸收能力和其本身养分的储备，嫁接成活的接穗抽梢迅猛，需根据生产计划适当整形修剪。修剪可改善树体通风透光条件，减少枝叶病害和养分消耗，有利于植株快速成型。根据茶花树形需要，可用细绳牵引或扎丝绑扎定向整形。

1—打顶修剪前打顶后原上部枝条； 2—打顶后原左下及右下方的两侧枝
图7-21 新梢打顶促侧芽生长

重剪以花后至新梢抽梢前为主，轻剪全年均可进行，以新梢结束生长以前进行为宜。定期及时地进行打顶修剪，迫使新梢暂时停止生长，减少营养消耗，改变营养物质的运转方向并重新分配，有利于侧芽的萌发和生长（图7-21）。

束花茶花植株着生花蕾较多，过多的花蕾将对植株长势产生影响，降低开花质量，条件允许的情况下可疏掉部分花蕾。束花茶花花蕾较小，通常在9月，花蕾长到3～5mm直径，明显区别于叶芽时开展疏蕾工作。

经杂交选育出的新优种质资源，通过嫁接繁殖，可快速增加种苗数量，从而实现产业化生产（图7-22）。

2. 芽苗砧接

芽苗砧接是利用种子苗作为砧木进行嫁接的方法。该方法具有成活率高、小苗生长快、适应性强、适于大规模推广育苗等优点。

图7-22 切接应用于束花茶花产业化生产

（1）砧木种类选择

油茶、毛花连蕊茶、茶梅或其他茶花品种的种子皆可用于芽苗砧培育，以单一品种能大量获取种子的种类为宜，便于统一管理。

（2）砧木播种

挑选饱满粒大的砧木种子经浸泡24小时催芽后播种。一般夏秋嫁接提前5个星期、冬春嫁接提前6～7个星期将种子播种即可。播种基质可以选用干净的细沙、蛭石等基质，先在苗床上铺一层10～15cm厚度的基质，均匀撒上种子，种子可以尽量密，但要避免相互重叠，再在种子上方铺一层约10cm厚的基质，稍加压实，随后用700倍25%多菌灵粉剂稀释液浇透。期间需避免基质过干影响砧苗胚茎增粗，避免苗床积水而导致砧苗腐烂。待种苗出土抽梢（图7-23），接穗半木质化即可进行嫁接。具体嫁接操作流程为介绍如下：

1）圃地准备

圃地宜设在向阳、排灌良好、土壤肥沃疏松、pH值为5.5～6.5的壤土或沙壤地。在嫁接前整地，清除杂草、石块等杂质并进行土壤消毒。整好地后即开始做床，苗床宽以1.2m为宜。南方地区苗床做好后覆3～4cm厚的黄心土，减少杂草萌发及病虫危害，然后盖上塑料薄膜备用。嫁接前搭好荫棚，棚高1.8～2.5m，棚顶遮阴材料可用遮阳率为70%～80%的遮阳网。

2）接穗的采集与贮藏

①接穗的选择

束花茶花芽苗砧嫁接用的穗条以生长健壮的幼年树树冠外围上部、生长健壮、腋芽饱满、无病虫危害的当年生半木质化新梢作接穗。

②接穗的采集

采穗的最佳时间在5月中旬～6月上旬。采下的穗条应置于荫凉处保湿备用，最好随采随接。如需远距离调运，采集的穗条可用自封袋密封保存，袋内可适当喷水或放置湿纸巾增加湿度，并避免运输环境温度过高或被阳光曝晒。

③接穗的贮藏

接穗可以贮放于阴凉湿润处或冷藏于2～4℃的冰箱内，避免过度挤压和长时间存放。存放时间一般不超过一周。

3）嫁接

芽苗砧嫁接步骤如图7-24所示，嫁接过程需注意以下几点：

①起苗砧

将苗砧从湿沙中挖出（图7-25），挖苗过程注意保护好子叶，清洗干净，盖上湿布保湿备用。

②削接穗

从枝条基部开始削取饱满芽作接穗，一穗一芽或两芽，叶片保留1/3～1/2，接芽下端削成楔形，长约1～1.5cm，注意接穗不可削得过于单薄，削面要平整光滑（图7-26）。

图7-23　苗砧出苗

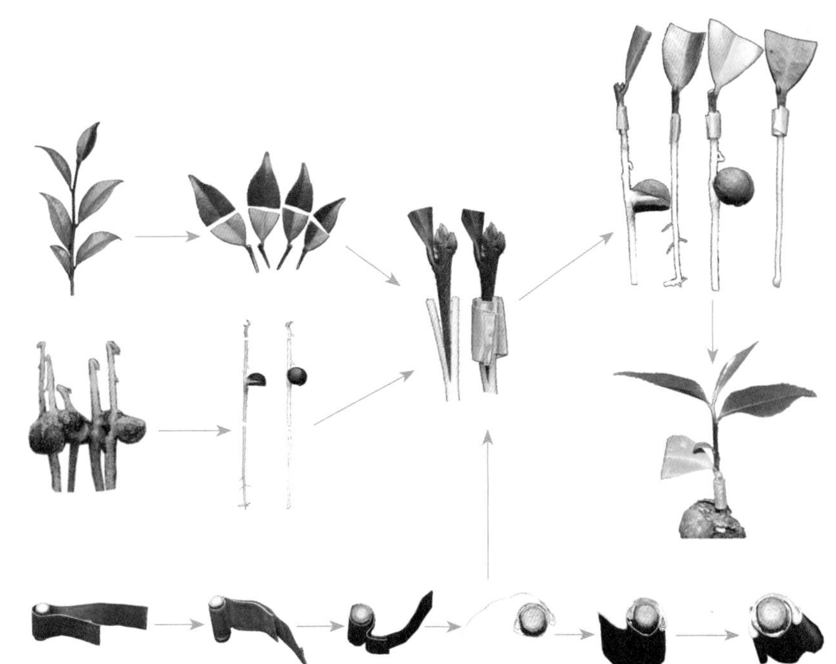

图7-24　芽苗接操作步骤

图7-25　取出的苗砧

图7-26　削制好的接穗图

图7-27　将插穗插入砧木

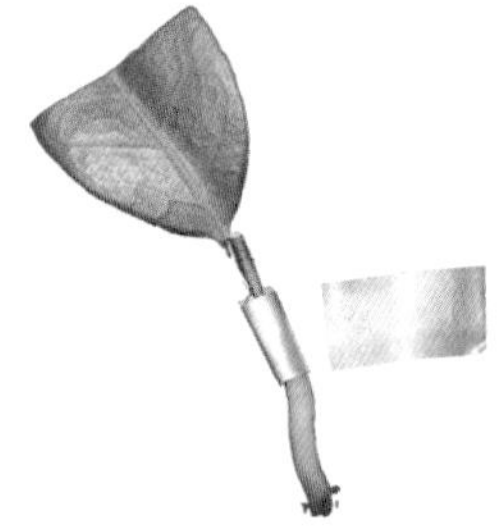

图7-28　用铝片包扎接口图嫁接好的小苗用湿毛巾覆盖保湿待种

图7-29　芽苗接盆栽

③切苗砧

在子叶柄上部约2cm处切除顶端。用刀片在砧苗茎正中顺着茎生长方向纵切一刀，将胚茎对半劈开。切口长度1～1.5cm。

④嵌接穗

将接穗的薄楔形木质部插入苗砧并对齐，砧穗粗细不一时，对齐一面即可（图7-27）。

⑤绑扎

可用宽0.8～1cm，长3～4cm的嫁接专用铝箔片绑扎，松紧度以接好后提起接穗轻轻抖动，苗砧不脱落为度，不可过紧以免损伤接穗和苗砧（图7-28）。绑扎好的嫁接苗需及时用湿毛巾覆盖保湿。

⑥嫁接苗栽植

苗嫁接后栽入苗床或营养钵（图7-29），栽后浇一次定根水，并搭建密闭拱棚覆膜保湿，盛夏高温期间搭建荫棚遮阳防日灼。

（3）嫁接后的养护管理

嫁接一个月后接穗开始抽梢生长，需定期除去砧木萌蘖和花芽并逐步揭开保湿薄膜。若长期阴雨，育苗环境长期高湿，易诱发根腐病，此时应清沟排水，略微增加光照，并将拱棚薄膜一侧揭开，通风透气。此外，根据育苗目的可适当进行修剪。

依靠砧木强大的根系，嫁接苗嫁接成活后生长速度较快，需水肥较多。可喷施叶面肥或结合浇水进行根部追肥，薄肥勤施。

7.2.2 扦插繁殖

扦插繁殖是最容易实施且最常见的无性繁殖法，具有易操作、成本低、育苗时间短等优点，可较好地保持品种特性。穗条充足的优秀种质资源的产业化繁殖多采用扦插繁殖。杂交种子苗或其他重要种质资源经嫁接繁殖获得大量穗条后，可用扦插繁殖技术实现大规模生产。根据插穗类型可分为单芽扦插和短枝扦插，修剪中取得的老枝亦可进行老枝扦插。

1. 扦插前的准备

扦插多于5月下旬～10月进行，以5月下旬～6月上中旬为最适扦插时期。生产中常采用的扦插基质可根据育苗计划和实际生产条件进行选择：茶花产区扦插繁殖多用黄土进行大田育苗，也可单用或混合使用园土、泥炭、珍珠岩、蛭石、河沙等基质。作者在上海主要采用穴盘或苗床扦插，用体积比为2：1的泥炭与珍珠岩混合物作为扦插基质。苗床扦插的基质厚度10～12cm，摊平稍加压实，提前一天浇好水备用。

采穗母株需提前做好精细管理。修剪病弱枝，加强水肥管理，定期喷施广谱杀菌剂（可用800倍70%甲基托布津可湿性粉剂或800倍50%多菌灵可湿性粉剂）以减少扦插后病虫害的发生。扦插时，剪取母株当年生外围健壮且无病虫害枝条。

2. 扦插方法

根据插穗实际情况，扦插方法略有不同，分别介绍如下：

（1）单芽扦插

部分束花型茶花品种生长缓慢，当年生枝条节间短而细软，不及普通山茶节间长且粗壮，常规短枝扦插繁殖存在插穗少、繁殖系数低等问题；应用单芽扦插较之常规短穗扦插，可实现一叶一插穗，从而提高插穗繁殖系数3～5倍（图7-30）。

1）准备插穗

将采好的穗条剪成带一叶一芽的插穗，插穗枝长视穗条情况而定，一般枝长0.5～3.0cm；插穗基部剪口斜面与枝条呈45°～60°。

2）扦插

将插穗插于插床上，束花茶花叶片小，可按3cm×3cm株行距（株行距视插穗叶面大小而定，以叶片互不遮挡覆盖为度）进行扦插（图7-31、图7-32）。过短的穗条可将短枝连同叶柄插入基质中，使插穗不倒伏；扦插完后浇施生根剂（如20%萘乙酸粉剂，稀释8000倍）和杀菌剂（如多菌灵50%可湿性粉剂，稀释800倍），并覆膜保湿。单个苗床扦插时间过长的，需分段临时覆盖或定时喷水增加空气湿度，减少插穗水分流失。荫棚顶部及四周用70%遮阳网盖严，可每1～2个星期定期检查，结合检查可喷施叶面肥，促进生根并补充检查过程中拱棚内散失的水分，提高空气湿度。

3）炼苗

扦插2个月后，大部分插穗已生根并开始抽梢，可逐步打开密封薄膜进行炼苗并适当控水促进根系生长，新叶长出并正常生长后可完全去除薄膜，育苗完成。秋后即可移栽或出圃（图7-33、图7-34）。

（2）短枝扦插

短枝扦插每个插穗可保留叶2～3片，枝长5～8cm。插穗下切口斜切成马蹄形，上切口距腋芽0.5cm处平剪或斜剪（图7-35）。在生根液（500mg/L IBA+1000mg/L NAA）中速蘸后扦插。扦插完后可结合浇"定根"水，浇施一遍生根剂与杀菌剂。插后及时盖膜保湿，或使用喷雾系统进行定时喷雾，生根后可移栽养护（图7-36、图7-37）。

（3）老枝扦插

5～10月，将修剪下来的束花茶花老枝适当修剪后进行扦插繁殖，视插穗情况保留3～10片叶片。促根药剂可用300mg/L萘乙酸与吲哚丁酸等比例混合进行基部浸泡，视老枝接穗粗细不同，浸泡10分钟到数小时不等（枝条越粗，浸泡时间越长，1cm左右直径的老枝浸泡1～2小时）（图7-38）。

图7-30 单芽扦插插穗修剪及生根

图7-31 单芽扦插于苗床

图7-32 单芽扦插苗抽梢

图7-33 单芽扦插生根效果

图7-34　单芽扦插苗上盆

扦插成活的关键在于保持插穗水分平衡。用塑料膜营造高湿度的扦插环境，减少空气流动，降低插穗蒸腾作用；同时搭建遮阳网控制插床内温度、减少插穗养分消耗和水分蒸腾。配套智能喷雾系统定期喷雾，可进行全光照育苗。生根后期可半个月一次用0.1%～0.3%磷酸二氢钾溶液进行叶面喷施，有利于根系生长。

图7-35　短枝扦插插穗修剪及生根

图7-36 产业化扦插育苗环境（喷雾增湿，遮阳）

图7-37 短枝扦插苗上盆栽培及大田移栽

图7-38 老枝扦插繁殖

7.3 病虫害防治

茶花病害主要包括炭疽病、煤污病、病毒病、枯枝病、花腐病等侵染性病害，以及黄叶病、落蕾、日灼等生理性病害；虫害主要有蚜虫类、蚧虫类、螨类、蓟马类等刺吸性害虫及卷蛾类、蓑蛾类等食叶害虫。针对常见的病虫害，将其病因、症状及防治方法介绍如下。

7.3.1 病害及其防治

1. 炭疽病

真菌病害，由胶孢炭疽菌（*Colletotrichum gloeosporioides*）引起，主要危害叶片，是山茶的重要病害。主要症状是产生明显的轮纹斑，后期在病斑处形成的子实体——分生孢子盘往往呈轮状排列（图7-39）。诊断标志：在潮湿条件下病斑上出现粉红色的黏孢子团。在幼嫩的枝条上可引起小型的疮痂或溃疡，造成枯梢。病菌在病残体上越冬；由风雨、水滴滴溅及气流传播；伤口侵入。高温高湿、伤口多及生长弱都利于发病。

防治：在侵染初期，可喷洒70%代森锰锌500～600倍液，或硫酸铜：生石灰：水比例为1：0.4：100的波尔多液，或70%的甲基托布津可湿性粉剂1000倍液。喷药次数根据病情发展情况而定。

2. 山茶煤污病

真菌病害，由山茶小煤炱（*Meliola camelliae*）和富特煤炱（*Capnodium footii*）引起。主要特征是在树木的叶和嫩枝上覆盖一层黑色"煤烟层"。煤污菌在蚜虫、蚧壳虫的分泌物及排泄物或植物自身分泌物上发育，因此蚜虫、蚧壳虫等危害严重的地方煤污病发病较多（图7-40）。严重危害时会使植株逐渐枯萎。

煤污菌由风雨、昆虫等传播。高温高湿、通风不良、分泌蜜露的害虫发生多时，均加重发病。夏季高温、干燥及多暴雨的地方病害较轻。

防治：避免植株种植过密，增强通风透光，降低空气湿度；防治蚧壳虫、蚜虫、粉虱等害虫；发病期可喷代森铵500～800倍、灭菌丹400倍液或石硫合剂进行防治。

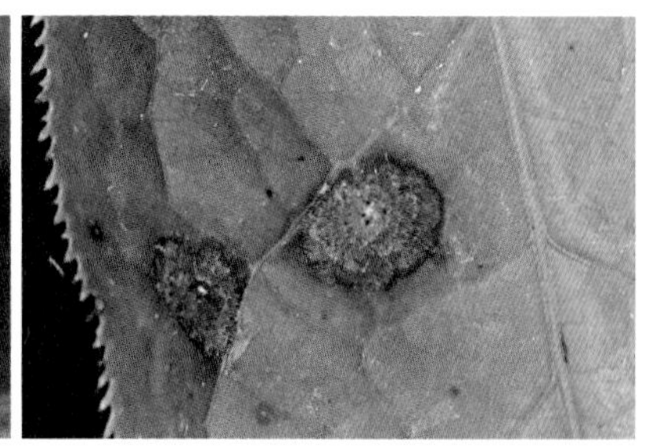

图7-39 感病叶及局部放大病斑

图7-40 蚜虫引起的煤污病发病过程

3. 山茶病毒病

该病由山茶花叶黄斑病毒等引起。可使受害植株叶色、花色异常，器官畸形，植株矮化（图7-41）；影响开花甚至造成不开花，严重的全株死亡。病毒从机械的或传播介体所造成的伤口侵入。传播介体主要是蚜虫、叶蝉及其他昆虫。

病毒病防治的首先要加强检疫，不从病区引苗木；隔离或销毁感病植株；加强蚜虫等传播介体的防治，控制传播途径；选育抗病品种等。发病初期可用5%菌毒清水剂400倍液每10天进行1次喷施防治。

4. 枯枝病

枯枝病属于真菌病害，感病枝条初期失水萎蔫，逐渐枯死于枝头（图7-42）。加强肥水管理，减少施入氮肥，增加磷钾肥比例；加强内膛枝及细弱枝条修剪，增强通风透光。可定期用甲基托布津、多菌灵等广谱杀菌剂喷施进行防治。

图7-41　山茶病毒病

图7-42　枯枝病

图7-43　花腐病感病花朵

5. 花腐病

花腐病是由茶花花腐真菌（*Giborinia camelliae*）侵染花瓣所引发的一种病害。受害的花朵先是出现棕褐色小斑点，以后逐渐扩大，直至整个花朵变成褐色而枯萎（图7-43）。花腐真菌可在花柄处形成菌核，其孢子可随风传播。一般秋季发病率较低。在12月份至翌年3月份，随着气温的升高，花朵受害率增高。

花腐病的防治应及时摘除感病花朵、清理圃间病残体并集中烧毁；在开花前，可用杀菌剂，如多菌灵，喷洒花蕾2～3次；控制花期使植株避开花腐病发病高峰时期等。

6. 黄化病

山茶叶片黄化多因缺铁造成，尤其是偏碱性土壤或石灰含量高的土壤，可溶性的铁变为非溶性，植物不能吸收利用。缺铁黄化病初期是嫩叶受害，老叶仍保持绿色（图7-44）。缺铁严重时，嫩叶全部呈黄白色，并出现枯斑，逐渐焦枯脱落。山茶黄化病可以通过勤施有机肥及酸性复合肥调节土壤酸碱性，或通过叶片喷施硫酸亚铁溶液等方法改善。

除此之外，缺镁或硫亦可导致黄叶：缺镁的症状为老叶先褪绿，再向上蔓延，初期叶脉保持绿色，仅叶肉变黄；缺硫的症状与缺镁相反，通常幼叶受害早，叶脉发黄，而叶肉保持绿色，并从叶基部开始出现红色枯斑。

7.3.2 虫害及其防治

1. 蚜虫类

芽虫主要危害茶花新梢及花蕾，一年发生多个世代，可全年危害，成虫和若虫群集于茶花嫩梢或花苞上吸取汁液（图7-45），使茶花的芽叶萎缩，生长受到严重影响。蚜虫的排泄物，能引起烟煤病。

防治：可用黄色粘板诱杀有翅蚜或通过释放瓢虫、草蛉等天敌控制蚜虫危害。及时剪除带蚜虫的枝叶并销毁防止蚜虫蔓延。用氰戊菊酯乳油、吡虫啉、乐果乳油等药剂每周喷施1次嫩叶正反面及花蕾，可控制蚜虫数量。

2. 蚧虫类

蚧虫俗称介壳虫，是茶花尤其是设施栽培茶花的主要害虫。危害山茶的介壳虫主要有吹绵蚧（*Icerya purchasi*）、红蜡蚧（*Ceroplastes rubens*）、糠片盾蚧（*Parlatoria pergandii*）、日本龟蜡蚧（*Ceroplastes japonicus*）等种类（图7-46～图7-49）。多附着在叶片、叶柄及枝干上，以刺吸式口器吸取汁液。受害部位呈现褪色的斑点、皱缩、卷曲、枯萎或畸形，受害叶片由绿色变为灰绿色，最后变为黄色，严重时枝叶上布满介壳虫，造成全株枯黄致死。蚧虫的分泌物中含有较多蜜汁可诱发烟煤病。

图7-44　山茶黄化病

图7-45　蚜虫危害嫩梢与花苞

图7-46　吹绵蚧

图7-47　红蜡蚧

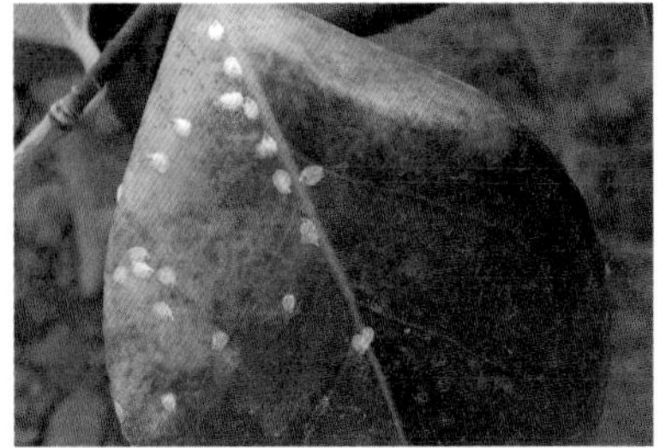

图7-48　糠片盾蚧

图7-49　日本龟蜡蚧

防治：因各种类蚧壳虫若虫孵化盛期不一，化学防治可在4～8月，根据蚧壳虫若虫孵化的实际情况，用吡虫啉、速扑杀乳油等药剂喷洒树冠1～3次。介壳虫发生较少时，可以用毛刷或硬物随手清除虫体，或在修剪时将虫枝剪下集中烧毁。介壳虫天敌如大红瓢虫、澳洲瓢虫、金黄蚜小蜂、软蚧蚜小蜂等是抑制蚧壳虫发生的主要因素，化学防治宜避开天敌发生盛期。

3. 螨类

危害茶花的种类有侧多食附线螨（*Polyphagotarsomemus latus*，6～7月危害）、朱砂叶螨（*Tetranychus cinnabarinus*, 7～8月危害）、卵形短须螨（*Brecipalpus obovatus*, 7～9月危害）三种。侧多食附线螨需在相对湿度80%以上才能发育，故温暖多湿的环境利于其发生，朱砂叶螨与卵形短须螨在高温干旱时期爆发，以成螨和若螨刺吸危害叶片。螨类危害显著特征是：初期叶片出现黄白色斑点，严重时叶片呈白色，由于成螨有吐丝结网习性，喜欢在植株上结网，在网下吸取汁液，通常可见叶片表面有一层白色丝网（图7-50）。

防治：早春花木发芽前用晶体石硫合剂50～100倍液喷施，消灭越冬雌成螨和卵。发生期可喷施：15%哒嗪酮乳油3000～4000倍液、1%灭虫灵乳油3000～4000倍液、20%复方浏阳霉素乳油1000倍液、40%扫螨净乳油4000倍液、73%克螨特乳油2000倍液、0.8%齐螨素乳油2500倍液防治，密度大时，每间隔10天喷1次，连喷2～4次（冬季剪除受害枝条，清除花圃地周围杂草及枯叶，诱集雌螨越冬，翌春收集销毁，以降低越冬虫口）。此外，注意保护和利用微生物和捕食性天敌。

4. 蓟马类

蓟马，缨翅目昆虫的通称。多为植食性，取食时将口针插入植物组织内吸取汁液。大多1年发生多代，以5～7代居多。干旱对其繁殖有利，常在短时间内形成灾害。叶片被害处常呈现白、红、黄色斑点或块状斑纹（图7-51），以至嫩芽、新叶凋萎，叶片皱缩、扭曲甚至全叶枯黄（图7-52）；花器受害后，花朵凋谢，果实脱落。部分种类在取食的同时还可传播植物病毒。

防治：冬季彻底清除花圃内外的枯枝落叶和杂草，集中销毁，减少虫源。及时喷、灌水，剪除被害枝，降低虫口数量。悬挂蓝色粘虫板，诱杀蓟马成虫。利用花蝽、瓢虫、草蛉和食蚜蝇幼虫等天敌防治。生物防治可通过天敌捕食，或施用生物性农药1.8%齐螨素50mL兑水200kg、2.5%菜喜胶悬剂50mL兑水75kg、1.8%害极灭乳油50mL兑水200～300kg喷雾防治。化学防治可在发生期用10%吡虫啉可湿性粉剂2000～2500倍液、25%扑虱灵可湿性粉剂3000～4000倍液防治。

图7-50　螨类危害叶片

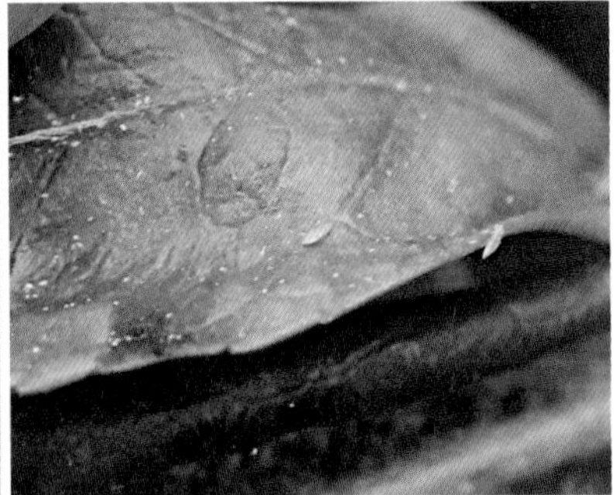

图7-51　蓟马危害的发病叶及放大局部

图7-52　蓟马危害造成的新叶皱缩、扭曲图病叶脱落

图7-53　卷蛾类危害嫩叶

图7-54 卷蛾类危害花苞

5. 卷蛾类

卷蛾类害虫的幼虫常缀叶成包或钻驻嫩芽、嫩梢、花苞，匿居其中取食危害（图7-53、图7-54）。

防治：在秋冬季清理枯枝落叶，消灭越冬幼虫。树冠内挂糖醋液诱盆（配比为糖∶酒∶醋∶水=1∶1∶4∶16）诱杀成虫。越冬幼虫出蛰盛期及卵孵化盛期可用48%乐斯本乳油，25%喹硫磷，50%杀螟松，50%马拉硫磷乳油1000倍液，2.5%功夫乳油，2.5%敌杀死乳油，20%速灭杀丁乳油3000～3500倍液，10%天王星乳油4000倍液防治。

6. 潜叶蛾类

潜叶蛾类害虫主要有桃潜叶蛾（*Leucoptera* spp.）、苹果潜叶蛾（*Lyonetia clerkella*）等种类。潜叶蛾类害虫体型微小，生活周期短，繁殖力强，危害隐蔽，早期不易被发现，能在较短时间内造成危害。其幼虫在叶组织内串食叶肉，在叶面清晰可见灰白色弯曲的隧道，最后致叶片干枯破碎而脱落。严重时，虫斑相连，影响叶片光合作用，造成叶片大量脱落（图7-55）。1年多代，以成虫在树木附近的杂草丛中、树皮裂缝或落叶层下越冬。成虫夜晚活动，有较强的趋光性，将卵产在叶表皮内，在叶背或枝干上结茧化蛹。

防治：病虫危害植株较少、受害较轻的花圃，可通过人工摘除虫叶，集中销毁。在其越冬化为成虫羽化前，彻底清扫桃园内的杂草和枯枝落叶，集中烧毁，消灭越冬蛹或成虫。在成虫高峰期、幼虫危害始期，选用25%灭幼脲Ⅲ号悬浮剂1000～1500倍液，20%杀灭菊酯2000倍液，2.5%溴氢菊酯乳油3000倍液，20%灭扫利乳油4000倍液等。严重时，喷施24.5%爱福丁3000倍液防治。

7. 蓑蛾类

蓑蛾类害虫中常见茶蓑蛾（*Clania minuscule*）危害。其幼虫和雌成虫均在护囊内栖息并背负袋囊取食和行走。种群密度大时可将整株树叶全部吃光，成为秃枝（图7-56）。每年发生1～2代，7～8月危害最重。其天敌有蓑蛾疣姬蜂、松毛虫疣姬蜂、桑蟥疣姬蜂等。

防治：发现虫囊及时摘除，并集中烧毁；注意保护其寄生蜂等天敌昆虫。在幼虫低龄盛期喷洒90%晶体敌百虫800～1000倍液或50%杀螟松乳油1000倍液、50%辛硫磷乳油1500倍液、90%巴丹可湿性粉剂1200倍液、2.5%溴氰菊酯乳油4000倍液。建议喷洒杀螟杆菌或青虫菌进行生物防治。

图7-55　潜叶蛾危害叶片

图7-56　茶蓑蛾护囊及被吃光叶片的植株

2

第8章

束花茶花的应用

束花茶花以其小巧精致的花与叶、浓淡两相宜的花香以及抗花腐病和耐盐碱等特性，成为茶花家族中宛若精灵的观花观叶类群。无论是在园林绿化中作为花海、花篱等景观，还是作为盆景等室内外造型，都以其独特的身姿向我们展示着不一样的茶花，不一样的风景。

8.1 适应性

现代城市园林绿地的建设与维护，不仅要其满足大众日益变化的审美追求，更要符合节约型、低成本园林绿地的营建和养护的准则。因此，集出色的观赏价值和集约的维护成本于一体的植物材料才能为可持续发展的城市园林景观所接受和广泛应用。

如前所述，茶花一般喜酸性土壤和半阴环境，这就制约了它们在更多区域和园林景观中的应用。而束花茶花的魅力之一就在于它可以不断拓展茶花的应用领域，通过我们对其适应性的观测与评价，阶段性研究结果显示部分束花茶花可以在碱性土壤和全光照环境下正常生长，且景观效果优异，可谓“小茶花，大世界”。

8.1.1 对碱性土壤的适应性

上海地区以弱碱性和碱性土壤居多，正如我们在第5章对上海茶花应用情况的调查中所观测到的，很多茶花在上海种植3年后出现了严重的黄化病，这与土壤偏碱性密不可分。在同样的弱碱性土壤中，束花茶花的生长状况要优于传统山茶品种（图8-1）。

为了更加清晰地了解束花茶花对碱性土壤的适应性，我们对部分栽培土壤的理化性质进行了测定分析（表8-1）。从物理性质来看，3个样地的土壤密度分别为1.04 g/cm^3、1.30 g/cm^3、1.18 g/cm^3，根据上海市《园林栽植土质量标准》规定，树坛土中灌木的土壤密度≤1.25 g/cm^3，可知3个样地基本符合绿化种植土壤密度要求。但是总孔隙度介于45%与51%之间，根据黏质土壤孔隙度约为45% ~60%的划分标准，这3个样地的种植土壤均属于黏质土壤，且通气性较差，容易板结。

根据《绿化种植土壤》CJ/T340—2011要求，一般植物的土壤质地为壤质土，pH在5.5与8.3之间，EC值为0.15 ~ 1.2mS/cm，有机质含量≥12 g/kg，碱解氮≥40mg/kg，有效磷≥8mg/kg，速效钾≥60mg/kg。从3个样地的测定结果来看，在土壤肥力方面，SH1样地的肥力相对充足，EC值0.16 ~ 0.35mS/cm、pH值6.85 ~ 8.16，从初步结果来看，目前的土壤状况符合绿化种植土壤的基本要求，但对于茶花来讲，目前测定的pH值相对较高，而束花茶花品种‘小粉玉’可以正常生长，显示出对弱碱性土壤的适应性。

图8-1 在弱碱性土壤中生长的‘小粉玉’和‘红露珍’

‘小粉玉’不同栽培土壤理化因子比较表

表8-1

样地	土壤密度（g/cm³）	最大持水量（%）	总孔隙度（%）	土壤通气度（%）	pH	EC（mS/cm）	有机质（g/kg）
SH1	1.04 ± 0.21b	51.51 ± 17.35a	50.58 ± 8.48	14.31 ± 7.72	6.85 ± 0.30c	0.17 ± 0.02b	29.20 ± 15.36a
SH2	1.30 ± 0.08a	35.15 ± 3.39b	45.54 ± 2.24	12.51 ± 3.99	7.78 ± 0.13b	0.35 ± 0.02a	18.53 ± 3.13b
SH3	1.18 ± 0.13ab	41.37 ± 7.43ab	48.13 ± 3.76	15.5 ± 5.56	8.16 ± 0.01a	0.16 ± 0.01b	17.4 ± 0.85b

样地	全氮（g/kg）	水解性氮（mg/kg）	全磷（g/kg）	有效磷（mg/kg）	全钾（g/kg）	速效钾（mg/kg）
SH1	1.84 ± 0.85a	141.60 ± 63.41a	0.78 ± 0.26	194.68 ± 119.78a	21.59 ± 0.31a	232.43 ± 104.02a
SH2	1.16 ± 0.32ab	107.49 ± 31.44ab	0.87 ± 0.13	112.25 ± 45.57a	19.29 ± 0.55b	54.6 ± 7.34b
SH3	0.75 ± 0.32b	63.10 ± 31.47b	0.65 ± 0.16	14.57 ± 12.74b	19.78 ± 0.68b	73.38 ± 10.73b

注：1.SH1：青浦样地；SH2：上海植物园样地1；SH3：上海植物园样地2。

2.不同样地间小写字母不同表示$P<0.05$水平差异显著。

从目前的研究结果来看，测试的束花茶花品种可以在弱碱性土壤中正常生长，为束花茶花在更广阔的空间生长和应用提供依据。

8.1.2 对高温和全光照环境的适应性

在耐高温方面，我们采用离体方法对'垂枝粉玉'、'玫瑰春'、'小粉玉'、'俏佳人'和'玫玉'5个束花茶花品种的耐高温能力进行了测定。于8月份选取长势相当、健壮无病害的枝条进行瓶插，然后放入人工气候室中进行45℃阶段高温胁迫（8:00～20:00，室温45℃；20:00～8:00，室温40℃），在处理过程中保持瓶中水面一致，然后选择不同品种的叶片进行生理测试。

从半致死温度及高温胁迫后的叶片损伤率等来看（表8-2、表8-3），'垂枝粉玉'的耐热性最强，其半致死温度为64.90℃，45℃阶段高温胁迫处理2天后的叶片损伤率仅为1.10%；'玫玉'的耐热性最差，半致死温度56.50℃，叶片损伤率为28.80%；'玫瑰春'、'小粉玉'和'俏佳人'3个品种的耐热性则介于两者之间。

束花茶花品种耐热性的指标 表8-2

品种	半致死温度LT50（℃）	差异显著性
'垂枝粉玉'	64.90 ± 2.99	a
'玫瑰春'	64.15 ± 2.81	a
'小粉玉'	62.38 ± 3.50	ab
'俏佳人'	59.54 ± 0.38	b
'玫玉'	56.50 ± 1.12	c

高温胁迫下不同茶花品种的叶片损伤率 表8-3

品种	总叶片数（枚）	损伤叶片数（枚）	损伤率（%）	差异显著性
垂枝粉玉	91	1	1.10	a
'俏佳人'	153	25	16.34	ab
'玫瑰春'	146	24	16.44	ab
'小粉玉'	203	37	18.23	ab
'玫玉'	184	53	28.80	bc

除了离体条件下的观测分析外，在大气温度40℃左右及全光环境下，我们进一步采用热红外仪对5个束花茶花品种的叶面温度进行了测定（表8-4），同时进行光合特性等指标的监测。从表中可以看出，平均最高叶面温度从高到低依次为46.98℃、46.06℃、45.17℃、44.75℃和44.36℃，5个品种的叶片均生长正常，表现出优于传统茶花品种对高温和强光环境的适应性。进一步测定耐热性差异较大的3个品种（‘垂枝粉玉’、‘小粉玉’和‘玫玉’）的光合特性，其中‘玫玉’和‘垂枝粉玉’表现出对高温和强光环境较强的适应性，‘小粉玉’则相对较弱。

自然高温条件下不同品种的叶面温度比较 表8-4

品种	叶面温度HTL(℃)	差异显著性
‘垂枝粉玉’	46.98 ± 0.36	a
‘玫瑰春’	46.06 ± 0.35	b
‘小粉玉’	45.17 ± 0.29	c
‘俏佳人’	44.75 ± 0.35	c
‘玫玉’	44.36 ± 0.80	c

与此同时，我们也在上海植物园观测其他山茶属植物对高温和全光照的适应性。在上海，茶梅品种‘小玫瑰’是广泛应用且适应性较好的品种。在全光照条件下，当遇到如2013年夏天的极端高温时，‘小玫瑰’叶片出现明显的焦灼现象，而部分束花茶花品种的受害程度和受害率要明显低于‘小玫瑰’（图8-2）。

从我们近年的研究结果来看，就如同束花茶花具有较强抗花腐病特性一样，束花茶花对碱性土壤、全光照环境等也具有一定适应性，这为束花茶花拥有更广阔的应用空间提供了可能。

图8-2 全光照条件下的‘小玫瑰’和‘垂枝粉玉’

8.2 园林景观应用

在园林景观应用中，一般将茶花配置于疏林边；栽植方式以孤植、丛植为主，有时可见一株或几株山茶依地势在假山旁、亭台附近以及院墙一角，彼此相映成趣，自然潇洒；配植植物方面，常见与日本晚樱、毛鹃、洒金珊瑚、紫荆等组景，或与其他初春开放的树种（如紫荆、玉兰等）搭配组合。

相比传统茶花，束花茶花具有花枝繁多、叶片小巧精致、耐修剪性等特性，从而可以实现更多富有变化的应用形式。除传统茶花的应用形式以外，束花茶花作为花海、地被，或是修剪成花篱、绿篱、花球等形式，更能体现其特质。此外，束花茶花还是盆栽或盆景、插花等应用的好材料。根据作者近年来在园林景观中的应用实践，将其主要的应用方式介绍如下。

8.2.1 列植

列植是束花茶花在园林景观应用上最富有表现力和最具特色的应用形式之一。在道路、广场、工矿区、居住区、建筑物前、水边等空间中均可应用。可以单独成景，亦可与乔、灌、草相结合，共同组成一个景观单元。在种植上，可以以自然株型进行列植（图8-3），也可以修剪成绿篱或球形（图8-4）等形状进行列植。

束花茶花组成的绿篱或花篱可分为单行式和双行式种植，植篱按其高度可分为矮篱（0.5m以下）、中篱（0.5～1.5m）、高篱（1.5m以上）（图8-5）。矮篱的主要用途是围定园地和装饰边缘地带；高篱的用途是划分不同的空间，屏障景物。用高篱形成封闭式的透视线，远比用墙垣等有生气。高篱还可作为雕像、喷泉和艺术设施景物的背景、形成天然屏障，营造适宜的气氛。采取特殊的种植方式还可形成束花茶花迷宫（图8-6）。此外通过修剪等手段，可形成绿化群体造型，如特殊的动物造型，以增加绿地韵律感。

在束花茶花形成的这些列植景观中，具有1.5～2个月的花期，可以观赏繁密的花朵带来的视觉盛宴（图8-7），在花后的春季约1.5～2个月的嫩叶期（图8-8），具有可以与红叶石楠媲美的色叶效果，从而可以在冬季和春季形成不一样的风景。

8.2.2 群植

群植是体现束花茶花应用特色的另一表现形式。一般20～30株以上混合成群栽植，使每一株苗恰到好处地组合成整体，表现群体美。在较大面积的公园、山丘、城郊、风景区等地方，选择相同或不同花期、花色不同的束花茶花品种，互相搭配成群种植，范围可大可小，既可利用束花茶花的自然树型，高低错落三五成群，也可形成茶花区或茶花林，以此突出束花茶花花海的景观效果（图8-9）。

图8-3 ‘玫玉’列植（自然株型）

图8-4 修剪成花球的列植（盛花期及嫩叶期）

图8-5 不同高度的‘玫玉’绿篱（修剪）

图8-6 '玫玉'迷宫

图8-7 ‘玫玉’、‘玫瑰春’的花篱（盛花期）

束花茶花除了群植成为花海景观以外，也可用作地被，如目前的毛鹃、茶梅的应用形式，一般选择长势缓慢和株型开展的品种（图8-10）。

除了以上列植或群植形成花篱、绿篱、花海、地被等景观外，还可以采用孤植（图8-11）、对植（图8-12）等应用形式。

图8-8 ‘玫瑰春’、‘小粉玉’、‘玫玉’的绿篱（嫩叶期）

图8-9 ‘玫玉’群植的花海景观（盛花期及嫩叶期）

图8-10 ‘俏佳人’作为地被的应用

1

1—‘玫玉’； 2—‘小粉玉’

图8-11 ‘玫玉’和‘小粉玉’的孤植景观

图8-12 ‘玫玉’的对植（整型和自然株型）

8.3 盆景

盆景是以植物和山石为基本材料，在盆内表现自然景观的艺术品，人们把盆景誉为“立体的画”和“无声的诗”，是中国优秀传统艺术之一。盆景是一种结合了科学与艺术的产物，不仅体现精湛的技艺，更表达高雅的情怀。

在盆景所用的树木中，山茶尤其是茶梅常被应用于树桩盆景的造型中。但传统茶花也存在一些不利于盆景制作的方面，首先传统茶花萌动能力差，修剪后新发枝条少，无法很好地满足盆景制作要求。其次传统茶花枝干稀疏，枝条脆而易折断，可造型性差，容易形成大空，达不到盆景造型要求。最后，传统茶花叶片大，不紧凑，不容易造型。从而制约了茶花在盆景方面的应用。

束花茶花因叶小、花密、枝条萌动能力强等特点非常符合盆景创作，结合海派盆景的制作技法，上海植物园探索了束花茶花在盆景中的应用。通过化繁为简的造型技法，对枝干进行弯曲造型，粗轧细剪，剪扎并施，使其线条流畅，枝条分布自然、疏密有致，配上各式釉陶浅盆，形成植物、盆和几架的完美组合（图8-13）。束花茶花制作的盆景以其形式自由、不拘格律、自然入画、精巧雄健、明快流畅的特点，展示其灵动、精致的艺术之美。

结合束花茶花开花繁密、叶型精致的特点，微型盆景无疑是束花茶花另外一个精妙之处（图8-14）。首先根据束花茶花枝干的粗细分别选用直径合适的铅丝缠绕枝干，再把枝干弯成所需要的形态。用铅丝缠绕时必须紧贴树皮，疏密适度，绕的方向以和枝干直径成45°为宜。经过1～2年后树干基本定型，可去掉铅丝。截短或除去那些不必要的杂乱枝条。由此做成的微型盆景聚散有致，主题突出，可表现束花茶花各异的形态，体现了独特的艺术构思和审美情趣。

束花茶花微型盆景可用来点缀居室，摆放在茶几、书桌、办公桌以及小房间内，既起到了装饰作用，又调节了狭小空间的氛围，可让人们足不出户就享受到花开花落，给人以视觉、精神上的无限享受。

图8-13 束花茶花盆景（创作：赵伟）

图8-14　束花茶花的微型盆景（创作：赵伟）

8.4 其他

古往今来，茶花在中国人民生活中被认为是具有极高观赏价值的名贵花木之一，宋、元以来的工艺美术品中，诸如绘画、刺绣、漆器、木器、石雕、金银器与镶嵌工艺品以及插花中，以茶花为题材的作品相当普遍，之后茶花花艺东渡日本，西传欧美，主要展示传统茶花的雍容华贵。与传统茶花相比，束花茶花可以体现不一样的艺术气质。

8.4.1 插花

束花茶花的花叶小巧繁多，花朵玲珑可爱，枝条细长富有线条美，是插花艺术所钟爱的植物材料。在插花过程中，利用束花茶花柔软的花枝和优美的自然姿态，在对称、平衡、姿态、画意等方面斟酌思量而插制的作品，可体现整体作品的高低错落、俯仰呼应、疏密聚散（图8-15）。

束花茶花用于插花，不宜繁杂，若是只插一枝，可选择曲折的枝条，以表现其枝条的柔中带刚与花色的清新雅致；若选择两种花枝，可分出高低并组合插制，力求构图简洁，使其相互辉映；如若想突出花朵与色彩，可用一定数量的花材集中成束，使其仿如一体，然后用麻丝绑定再插制。总之在插花的整体构图中要强调枝叶、花朵的协调，在不对称中体现均衡，虚实相生，实现插花构图、色彩、线条、质感的相互渲染和整体的和谐统一，最终达到形与型，色与美的艺术共鸣。此外结合不同质感的器皿进行插花，可与束花茶花花朵绚丽的色彩形成视觉上的对比，实现相得益彰的效果（图8-16）。

8.4.2 绘画

中国茶花画历千年而不衰，名家辈出，流派风格纷纭，成为中华民族传统艺术瑰宝之一。古往今来的画家以茶花为题作画，表现它的千姿百态，笔情墨韵，端庄高雅。无论是工笔还是写意，均能体现茶花高雅之姿。束花茶花作为小花类型的茶花，以其俏皮、精致见长，因此以束花茶花为题材，或许可以体现出梅花之傲雪芬芳，樱花之浪漫飘逸。如图8-17，真实地再现了‘玫瑰春’冬季繁花与色叶的效果；图8-18，展现出‘金叶粉玉’（‘Jinye Fenyu’，待登录束花茶花新品种）丰富的色彩，红或红黄的叶片及粉色的花朵。

图8-15 ‘玫玉’在插花中的应用（创作：郭玉静）

图8-16 ‘小粉玉’在插花中的应用（创作：郭玉静）

图8-17 ‘玫瑰春’（创作：沈骅）

幾多輕斂態月動夾窗紗 乙未年初春沈驊

图8-18 ‘金叶粉玉’（创作：沈骅）

参考文献

[1] Ackerman W L, Kondo K. Pollen size and variability as related to chromosome number and speciation in the genus *Camellia* [J]. Japan J Breed, 1980, 30 (3): 251-259.

[2] Ackerman W L. Beyond the Camellia Belt: breeding, propagating, and growing hardy camellias [M]. West Chicago: Ball Publishing, 2007.

[3] Fukusnima E, Endo N, Yoshinari T. Cytogentic studies in *Camellia*. I.Chromosome survey in some *Camellia* species [J]. Jap J Hort,1966,35:413-421.

[4] Gu Z, Xia L, Xie L B. Report on the chromosome numbers of some species of *Camellia* in China [J]. Acta Botanica Yunnanuca,1988,10 (3): 291-296.

[5] Haydon N. Hybrids with flower blight resistant parentage list, http://www.nzcamelliasociety.inboxdesign.co.nz/camellia-trust.

[6] http://camelliasaustralia.com.au/.

[7] http://jimscamellias.co.uk/.

[8] http://socalcamelliasociety.org/.

[9] http://www.atlanticcoastcamelliasociety.org/.

[10] http://www.nucciosnurseries.com/.

[11] http://www.nzcamelliasociety.co.nz/.

[12] https://internationalcamellia.org/.

[13] https://www.americancamellias.com.

[14] Kondo K, Andon Y, 李克瑞.山茶属（*Camellia*）四个物种的核形态学研究 [J]. 经济林研究，1984,(2): 113-116.

[15] Kondo K. Cytological studies in cultivated species of *Camellia* II.Hexaploid species and their hybrids [J]. Japan J Breed, 1977, 27: 333-344.

[16] Kondo K. Cytological studies in cultivated species of *Camellia*.Interspecific variation of karyotype in two species of Sect.Thea [J]. Japan J Breed, 1979, 29: 205-210.

[17] Kondo K.Cytological studies in cultivated species of *Camellia* [J]. Ph.D.Dissertation, 1975, Univ.N.C., Chapel Hill.

[18] Kondo K. Taniguchi K,Tanaka N et al. A karyomorphological study of twelve species of Chinese *Camellia* [J]. La Kromosomo,1991,II-62:2107-211.

[19] Sara Z,Alberto F,Enrico G.Characterization of Transcriptional Complexity during Berry Development in *Vitis vinifera* Using RNA-Seq [J]. Plant Physiology,2010,(152): 1787-1795.

[20] Striling Macoboy, Roger Mann. The Illustrated Encyclopedia of Camellias[M]. North America: Timber Press, Inc., 1998.

[21] Trehane J, Camellias: The Gardener's Encyclopedia [M]. Portland: Timber PressInc, 2007.

[22] Xiao T, Gu Z, Xia L et al.A karyo mophological study of ten species of Chinese *Camellia* [J].La Kromosomo,1991,II-61:2051-2085.

[23] 日本ツバキ協会编. 最新日本ツバキ図鑑[M]. 日本：诚文堂新光社，2010。

[24] ガーデンライフ编集部. 日本の椿写真集[M]. 日本：诚文堂新光社，1980.

[25] 董军，蓝崇钰，栾天罡. 芒果胚败育果实发育研究 [J]. 电子科技大学学报，2003, 32 (6): 752-754.

[26] 房经贵. 果树盆栽与盆景制作 [M]. 北京：化学工业出版社，2014.

[27] 高继银，杜跃强. 山茶属植物主要原种彩色图集 [M]. 第1版. 浙江：浙江科技出版社，2005.

[28] 顾志建，孙先风. 山茶属十七个种的核形态学研究 [J]. 云南植物研究，1997，19 (2): 159-170.

[29] 郭卫珍，张亚利，莫健彬等. 茶花新品种'玫玉'耐盐性初探 [J]. 西北林学院学报，2014，29 (4): 74-79.

[30] 郭卫珍，张亚利，王荷等. 5个山茶品种的叶色变化及相关生理研究 [J]. 浙江农林大学学报，2015，32 (5): 729-735.

[31] 郭卫珍. 五个山茶新品种叶色变化及景观灯对其影响研究 [学位论文]. 北京林业大学，2014.

[32] 何方. 中国油茶栽培 [M]. 北京：中国林业出版社，2013.

[33] 胡先骕. 中国山茶属与连蕊茶属新种与新变种（一）[J]. 植物分类学报，1965，10 (2): 131-142.

[34] 胡禾丰. 毛花连蕊茶胚胎学及组间杂交亲和性初步研究 [D]. 北京：北京林业大学，2014.

[35] 胡禾丰，张亚利，郭卫珍等. 山茶属部分组间远缘杂交亲和性初探 [J]. 江西农业大学学报，2014，36 (02): 338-343.

[36] 扈惠灵，李壮，曹永庆. 冷平磨盘柿败育杂种胚胎发育的细胞学特征 [J]. 果树学报，2007，24 (5): 630-633.

[37] 黄连冬，梁盛业，叶创兴. 四季花金花茶——金花茶一新种 [J]. 广东园林，2014，(01)：69-70.

[38] 黄少甫，徐炳声. 山茶属油用物种染色体其应用的研究 [J]. 亚热带林业科技，1987，15 (1)：33-394.

[39] 雷增普. 中国花卉病虫害诊治图谱 上卷 [M]. 北京：中国城市出版社，2005.

[40] 李凯凯，李琳琳，T珍妮弗等. 张氏红山茶：一个具有优先权的合法和正确名称 [J]. 生态科学，2009，28 (5)：424-427.

[41] 李滢，孙超，罗红梅等. 基于高通量测序454 GS FLX 的丹参转录组研究 [J]. 药学学报，2010，45 (4)：254-259.

[42] 梁盛业，黄连冬. 金花茶新种——崇左金花茶 [J]. 广西林业，2010，(6)：33.

[43] 刘崇俭. 杜鹃红山茶 [J]. 广东园林，1989，(3)：42.

[44] 刘颂颁，叶永昌，招晓东等. 无核荔枝种子败育的胚胎学研究 [J]. 华南农业大学学报，1999，(2)：41-46.

[45] 吕华飞，周丽华，顾志建. 山茶属5 种植物的核型研究 [J]. 云南农业大学学报，1993，8 (4)：307-311.

[46] 闵天禄. 世界山茶属的研究 [M]. 昆明：云南科学技术出版社，2000.

[47] 倪穗，李纪元，王强. 20个茶花品种遗传关系的ISSR分析 [J]. 林业科学研究，2009，22 (5)：623-629.

[48] 漆龙霖，吕芳德，张志宏. 岳麓连蕊茶染色体核型及C-带带型分析 [J]. 中南林业科技大学学报，1991，2：149-151.

[49] 沈荫椿. 山茶 [M]. 北京：中国林业出版社，2009.

[50] 索玉静，王君，康向阳. 河北杨胚囊发育的细胞学观察 [J]. 中国农学通报，2012，28 (16)：36-41.

[51] 王刚. 棉花幼苗盐胁迫条件下Solexa转录组结果的分析及验证 [学位论文]. 山东农业大学，2011.

[52] 王辉. 家庭养花一本通 [M]. 北京：北京科学技术出版社，2015.

[53] 王立翠，张亚利，李健等. 山茶属植物在长三角地区公园中应用的研究 [J]. 江西农业学报，2009，21 (12)：82-85，94.

[54] 王利琳，胡江琴，庞基良. 凹叶厚朴大、小孢子发生和雌、雄配子体发育的研究 [J]. 实验生物学报，2005，(06)：493-503.

[55] 王文采. 中国高等植物图鉴 [M]. 北京：科学出版社责任有限公司，2016.

[56] 王晓锋，陈根金，郑红玉等. 基于DNA分子标记技术研究的10个特色茶花品种遗传差异分析 [J]. 中国农学通报，2009，25 (19)：182-185.

[57] 卫兆芬. 中国山茶属一新种 [J]. 植物研究，1986，6 (4)：141-143.

[58] 武三安. 园林植物病虫害防治 [M]. 第2版. 北京：中国林业出版社，2006.

[59] 熊丽东. 红花转录组测序分析及其油体蛋白全长的获得 [学位论文]. 吉林农业大学，2011.

[60] 许家辉，黄镜浩，余东等. 焦核与大核龙眼配子体发育、授粉受精及早期胚胎发育的比较研究 [J]. 热带亚热带植物学报，2012，20 (2)：114-120.

[61] 杨培周，郭海滨，赵杏娟等. 广东高州普通野生稻生殖特性的研究 Ⅱ. 胚囊育性、胚囊发育、胚胎发生和胚乳发育 [J]. 植物遗传资源学报，2006，7 (2)：136-143.

[62] 叶创兴，郑新强. 毛药山茶——中国广东山茶属一新种 [J]. 植物分类学报，2001，39 (2)：160-162.

[63] 叶创兴. 关于金花茶学名更替小记 [J]. 广西植物，1997，17 (4)：309-313.

[64] 张宏达，叶创兴. 关于金花茶学名的订正 [J]. 中山大学学报 (自然科学版)，1991，30 (3)：63-65.

[65] 张宏达. 山茶属植物的系统研究 [M]. 广州：中山大学学报 (自然科学) 论丛 (1)，1981.

[66] 张宏达. 中国植物志 [M]. 北京：科学出版社，1998.

[67] 张景荣，刘军. 名贵茶花种质资源的RAPD分析 [J]. 西北植物学报，2006，26 (4)：683-687.

[68] 张亚利，费建国，王立翠. 茶花育种新品 [J]. 园林，2010，(1)：20-21.

[69] 张亚利，李健，奉树成. 5个茶花新品种的耐热性分析 [J]. 江西农业学报，2014，26 (1)：32-34，37.

[70] 张亚利，王立翠，李健等. 部分品种在上海的栽培土壤及生长状况分析 [J]. 浙江农林大学学报，2015，32 (5)：729-735.

[71] 周利. 川茶花品种图鉴 [M]. 重庆：重庆出版集团、重庆出版社，2011.

索引

种及品种中文索引

T

W

X

Y

Z

INDEX

种及品种外文索引

A

B

C

致谢

THANKS

2017年10月底，当本书交稿的时候，人处于一种傻傻的状态，不是因为成书过程的辛苦，而是在此过程中，得到太多良师益友的指导与帮助，感到幸福。每一分收获，每一分成长，都离不开特定的舞台，重要的人物。在此，感谢每一位为此书提供智慧与汗水的恩师、朋友、队友，感谢你们的一路相伴。

感谢我的恩师刘燕教授、陈俊愉院士、陈晓亚院士。在我的求学之路上，他们不仅教会了我创新的思路和方法，更教会了我做人的道理，让我在未来的成长之路上，用严谨、求实的心态治学，用大气、包容的心态做人。恩师的教诲，成为伴我一生的法宝。

感谢可敬的上海植物园人。感谢胡永红教授、费建国师傅，他们是点亮我束花茶花小宇宙的领路人，给我平台和支点，让我走进了小茶花的大世界。感谢奉树成园长等上海植物园的领导以及所有的植物园兄弟姐妹们，让我在植物园这个平台上不断成长，让中国的束花茶花在世界的舞台上不断成长。

感谢可爱的团队，从王立翠、胡禾丰等研究生到刘炤、李健等工作人员，以及至今依然执着于来花茶花研究的同事，她（他）们都在自己的领域，用对青春的热情与创新的激情，和我一起田间地头、白天黑夜，才有了今天我们的小茶花、大世界。

感谢敬爱的管开云研究员、王仲朗研究员，冯宝钧研究员、高继银教授、叶创兴教授、游幕贤先生、李纪元研究员等茶花前辈，亦师亦友，无微不至的关怀与毫无保留的倾囊相授，让我感受到前辈的大气、包容与爱护。管开云老师作为国际山茶协会的主席，用其国际的视角，严谨的治学，让我们无论是从理论研究，还是到应用研究，能够不断开阔眼界，提高效率。王仲朗老师作为国际山茶协会的登录官，加班加点地整理以连蕊茶组原种为亲本培育的束花茶花新品种，让我对整个束花茶花育种的进程有了更加全面的把握和理解。冯宝钧研究员，热情、平和而谦卑，每一次请教或需求帮助时，冯老师总会倾其所能地给予指导，大家之子，风范不减，敬意日增。高继银教授，我读的第一本茶花书是高老师写的，我引种的第一棵连蕊茶组原种是高老师引荐的，在高老师那里永远都有新发现。

感谢亲爱的国际友人，从多次给予指导的沈荫椿先生、王大庄先生，到未见其人但保持邮件往来的自美国、澳大利亚、新西兰等国家的茶花专家Jennifer Trehane女士、Nevillle haydon先生、Daniel Charvet先生、Charles Lee先生等，以及美国牛西奥苗圃对本书提供的稿件及照片等信息。

感谢上海市城乡建设交通优秀人才专项资金，促成了该书的成行与出版，感谢国家自然基金青年基金、国家林业局新品办科研资金、中央财政推广项目资金、上海市科委科研计划项目资金、上海市绿化和市容管理局科研资金给予的资助，让我们的团队在10年中不断探索与创新。

最后，感谢本书的设计张悟静老师，编辑李杰老师、兰丽婷老师，他们用其专业的特长、敬业的特质、精益求精的态度，打磨和完善此书，让整个成书的过程有了相互学习、相互支撑的体验与收获。

《“微”观茶花　束花茶花发展简纪》，是束花茶花的成长，也是我们团队的成长。在继续成长路上，让我们相约下一个十年，期待有新的束花茶花成果问世，书写束花茶花的新发展，见证成长的新里程。愿我们默默相守，静待花开。

张亚利

2018年4月26日

图书在版编目（CIP）数据

“微”观茶花　束花茶花发展简纪 / 张亚利等著. —北京：中国建筑工业出版社，2018.3
ISBN 978-7-112-21856-1

Ⅰ. ①微…　Ⅱ. ①张…　Ⅲ. ①山茶花－育种　Ⅳ. ①S685.140.36

中国版本图书馆CIP数据核字（2018）第035390号

责任编辑：李　杰　兰丽婷
书籍设计：WJ-STUDIO
责任校对：姜小莲　李欣慰

“微”观茶花
束花茶花发展简纪

张亚利　等著

*

中国建筑工业出版社出版、发行（北京海淀三里河路 9 号）
各地新华书店、建筑书店经销
北京锋尚制版有限公司制版
北京富诚彩色印刷有限公司印刷

*

开本：787×1092 毫米　1/16　印张：16¾　插页：9　字数：497 千字
2018 年 5 月第一版　　2018 年 5 月第一次印刷
定价：**178.00** 元
ISBN 978-7-112-21856-1
（31651）

经销单位：各地新华书店、建筑书店
网络销售：本社网址 http://www.cabp.com.cn
中国建筑出版在线 http://www.cabplink.com
中国建筑书店 http://www.china-building.com.cn
本社淘宝天猫商城 http://zgjzgycbs.tmall.com
博库书城 http://www.bookuu.com
图书销售分类：园林景观（G50）